What If...
Collected Thought Experiments in Philosophy

图 利 的 猫

史上最著名的 116 个思想悖论

［美］佩格·蒂特尔（Peg Tittle）　著

李思逸　译

重庆大学出版社

本书最初的定位是作为各类哲学工作者的手头参考书。（"那个与患有色盲的神经学家玛丽有关的哲学问题在哪儿能找到？谁提出来的？"——不用担心，"玛丽"就在这本书里，连同那些"缸中之脑""蝙蝠""小提琴家""传送门"之类的思想实验[1]……）

不过，显而易见，对于普通人和学生们来说，本书也是一本重要的哲学入门读物。对于前者，他们可以将它当作思想的精神食粮，尤其是当电视节目沦为令人倒胃口的"垃圾食品"时，不妨换换口味；而对于后者（没错，你可以把他们看作非普通人）来说，思想实验是如此令人神醉的真理之匙——你会为此在门后转悠数小时而丝毫不感到厌倦，其中的细节是如此的丰富多彩（当然，是在你"迷失"之前）。并且，由于伦理学领域的工作者们似乎尤其钟爱思想实验，本书或许对伦理学课程和哲学导论课程而言都是很好的补充教材。

---

1 思想实验与悖论同属自然辩证法名词，本书中收入的思想实验作为人类异彩纷呈的理性思维活动，体现了悖论概念的核心（即可以同时推导或证明两个互相矛盾的命题的命题），为通俗起见，本书书名用词为"悖论"，正文中则主要遵照原文翻译为"思想实验"。——译者注

事实上，本书更多地算是超越了传统模式的哲学课本，以求真正达到那些标准的教学目标：唤醒人们对知识的好奇心——每个思想实验都呈现出使人困惑（有时甚至令人上瘾）又亟待回应的迷人情境；展现哲学的真正价值——大多数的思想实验都提出了一个生命中的至诚问题，尽管表达的方式异乎寻常；引领学生接受哲学所必需的思维训练——学生们在竭尽全力做出回答的过程中能够学到如何清晰而连贯地思考。而且谁知道呢，也许某位读者十分好奇詹姆斯究竟会选择哪条路回家（参见《詹姆斯的归家之路》），或是渴求了解吉尔是否知道领袖已被暗杀（参见《哈曼的虚假报告》），他或她就决定将来致力于攻读哲学学位，在形而上学或认识论的天地里建立起自己的事业……

至于如何决定什么详述、什么简述，与其遵循某些特殊的定义，我更愿意用实际效果来作标准：如果思想实验的情节似乎只是服务于说明、阐释某个观点——换言之，人们可能会读到它，理解其大意，然后就继续读下去——那么我不打算讨论它；但是，出于某种原因，如果思想实验更像是一场精彩的表演——也就是说，人们可能会读到某个观点，随之暂停，进而思索它、"咀嚼"它，与其展开角力，并且深入探讨它，即其看起来像是真正引人深思的，我就会将其收录进来。

鉴于本书定位为一本参考读物，我收录了那些人们可能最期望在这类书中找到、被部分哲学家视作思想实验的章节——尽管它们中的某些在个别定义之下算不上真正的思想实验。

同样地，鉴于本书也打算成为一本教科书，我不仅纳入了那些所谓的"经典作品"，还收进了一些"必将成为经典的作品"。我同时也试着使本书收入的思想实验的数量在哲学的众多领域以及时代特征方面保持一定的平衡——诚然思想实验在某些领域和时期内似乎更为盛行。

出于保持本书简洁、实用的特色的考虑，我摒弃了科学与文学的范畴。换言之，那些引出科学问题的思想实验（比如薛定谔的猫，又如当哲学仍混杂于前科学范畴时，许多古代哲学家提出的思想实验）和那些蕴含在文学素材中的思想实验都没有收入本书之中。当然，大多数关乎科学的问题本质上是诉诸哲学的，而许多文学著作也往往具有极高的哲学价值（比如乌托邦和反乌托邦的小说可以被视为扩展了的思想实验），遗憾的是，我不得不在某处画上界线！出于同样的原因，我严格限制了本书所收录的哲学思想实验的数量。

虽然思索这些思想实验本身的乐趣可能更为珍贵，但我仍然为每个思想实验提供了一个简短的评论以凸显实验的核心要素，对其产生的背景予以小结，并指出实验所唤起的更为广博的哲学语境。我也收录了一些令我自己深思的问题。

要想展开进一步的思想挑战，读者可以去查阅本书提及的所有思想实验的众多关联文章。点击"哲学家索引"（The Philosopher's Index）网站或是其他任何哲学知识检索网站，使用本书的思想实验条目的作者名及关键词进行快速查询，自然就会呈现出一些诱人的结果。

当然，最首要也是最紧要的，我感谢所有想出这些让人着迷、充满魅力的思想情景剧的哲学家们！同时我也要感谢许多提供建议及给予反馈的人们（专业的评论家，以及普通哲学社团的成员），如下所示：贾里德·贝茨（Jared Bates），印第安纳大学东南分校；约翰·博斯曼（John Bouseman），希尔斯伯勒社区学院；罗恩·库珀（Ron Cooper），中佛罗里达社区学院；罗伯特·胡德（Robert Hood），中田纳西州立大学；基思·科尔茨（Keith Korcz），路易斯安那大学拉斐特分校；奥古斯丁·M.纽伊恩（Augustine M. Nguyen），路易斯维尔大学；凯利·A.帕克（Kelly A. Parker），大峡谷州立大学；

克雷格·佩恩（Craig Payne），印第安山学院；菲利普·佩科里诺（Philip Pecorino），皇后社区学院；克里斯托弗·罗伯逊（Christopher Robertson），圣路易斯华盛顿大学；大卫·A.所罗门（David A. Salomon），布莱克山州立大学；爱德华·舍恩（Edward Schoen），西肯塔基大学；塞缪尔·索普（Samuel Thorpe），奥罗尔·罗伯茨大学；泰德·托阿维尼（Ted Toadvine），恩波利亚州立大学；迈克·范奎肯伯恩（Mike VanQuikenborne），埃弗雷特社区学院；W.史蒂夫·沃森（W. Steve Watson），布里奇沃特学院；史蒂夫·杨（Steve Young），麦克亨利郡学院；戴维·杨特（David Yount），马里科帕大学。最后我还要感谢普丽西拉·麦吉霍恩（Priscilla McGeehon）和皮尔逊·朗曼（Pearson Longman）。

佩格·蒂特尔

那么，究竟什么才是思想实验呢？宽泛来讲，恰如本书英文书名所示，"假如……会怎样呢？"——从事思想实验就是在假定的框架内进行推理论证。如同常规实验一样，思想实验需要设定一个情景且聚焦于由此产生的结果，而不同于常规实验之处则在于思想实验是在"心灵实验室"中进行的。故其情景多为虚构——经常极富于想象力。

虽然如此，思想实验依然如常规实验一般，是带着目的的"假设分析"——正是由此使得说明性的事例和思想实验间的界限多少有些模棱两可。许多实验仅仅是为了论证一个观点——毕竟，设计者早已做好他们的功课，且对自己所绘情景的后果有着相当精妙的计划。在这些案例中，最有趣的地方则在于揭示这些后果所带来的意义与影响。

除此之外尚需指出，思想实验总是会涉及以下一点或更多：

· 提出质疑

· 回答问题

· 揭示思维中的不连贯之处

· 揭示思维中的不清晰之处

· 引领我们重新考虑，推敲斟酌，以使思考臻于完善

· 展示那些让人反复思索的永恒谜题

· 支持某个论断、观点、假说或是理论

· 反驳某个论断、观点、假说或是理论

· 检测某个定义的完备性

· 检测某项原则的适用性

这份清单并不打算囊括一切——思想实验当然也关乎其他领域（使人恼怒、供人消遣、让人迷惑、令人不安、诱人入迷等）——但它总是一个好的思维开端。况且，弄清楚思想实验究竟所意为何也是对其展开思索的有效途径。

对思想实验的一种平常反应就是认为它们总是遥不可及的，即认为其所描绘之事永远不能也不会发生。这倒常常是真的。但思想实验的目的也并非只是为了描绘那些可能或将要发生的事情。某事物/事件在概念上是否可能（存在/发生）不同于其在事实上是否可能（存在/发生）。而且一般而言，思想实验研究的都是我们概念范畴中的东西——我们那些关于什么可能发生或不发生的观念、思想及意见。另外，我们"概念王国"中的事物是独立于客观实在的，比如我们想象一条追逐着鲜绿色网球的盲犬，这并不依赖于其是否实际存在或可能发生。（再者，更普遍而言，某事并未发生或某物尚未存在，绝不意味着其与我们毫不相干——相反，那些尚未发生的未来之事和尚不存在的未来之物仍然对我们至关重要。）正如塔玛·吉尔德（Tamar Gendler）所言："想想那些不存在的东西，思考一下事情不会怎么样，反倒可以帮助我们了解那些存在的东西以及事情是怎样的。"（*Thought Experiment*: *On the Powers and Limits of Imaginary Cases*, New York: Garland Press, 2000: 1）这真是某种惊喜——此言不虚。这也能帮助我们理解万事万物应当如何。的确，某些事物/事件即使永远不能或不会实际发生并不能改变其道德上的正确与谬误——因此，"遥不可及"的特性恰恰才是无关紧要的。除此之外，正如乔纳森·丹西（Jonathan Dancy）主张的那样，至少在伦理学领域，虚构的情景在帮助我们决定我们应当做什么方面与真实的一样有效："如果我们发现过去的经历……没有或缺乏指引，我们至少能通过构造的案例实现使自己获得指引的目的。"["The Role of Imaginary Cases in Ethics." *Pacific Philosophical Quarterly*，66（Jan–Apr 1985）：141-153,142]

另一种常见的反应就是宣称思想实验不能为我们提供足够的信息以回答所提出的问题。这种说法倒也在理。但是思想实验依然能够有用处：人们在辨识问题的相关因素时，能借此明白所必需的信息是什么。这一点相当重要。弄明白是哪些微量信息的哪些变化导致了我们答案的改变，这本身也极富价值且充满乐趣。

还有另一种批评（主要关乎伦理学和人格同一性问题方面的思想实验），它指出思想实验的发现不能无可非议地应用于现实世界。这也说得通。也许是因为这类思想实验蹩脚的设计和关键要素的遗漏，或诸如此类的原因导致其结果的无效，且实际应用性受到限制。

那么思想实验可能失败吗？当然可能。就像刚才提到的，导致思想实验可能失败的一种原因是它不能如预期的那样得到应用。另外一种可能失败的原因在于其思想的不连贯性——确切而言，或者是实验的措辞自相矛盾，或者是假设的情景本身没有意义。还有一种导致思想实验失败的原因，是其基础论证的推理过程存在错误。

思想实验可能极具欺骗性，因为它们常常萦绕着一种漫不经心、"怎样都行"的氛围，但是你不要被误导：它们一定要在同样严格而缜密的哲学思想指引下才能被真正触及，只不过那些为哲学问题所必需的思想存在于略显枯燥的文本之中罢了。

即便如此，还是祝你能在这里玩得开心！

（你或许都想要设计自己的思想实验了吧——假如……）

1 METAPHYSICS
形而上学

2 PHILOSOPHY OF MIND
心灵哲学

3 PERSONAL IDENTITY
人格同一性

4 PHILOSOPHY OF LANGUAGE
语言哲学

5 EPISTEMOLOGY
认识论

6 LOGIC
逻　辑

7 ETHICS
伦理学

8 SOCIAL AND POLITICAL PHILOSOPHY
社会政治哲学

9 AESTHETICS
美 学

10 JUST ONE MORE...
再多一个……

METAPHYSICS

形而上学

1.1 空间、时间与实在

芝诺的阿基里斯

设想跑步者阿基里斯和乌龟进行一场赛跑比赛。乌龟被安排领先一段路程，两者同时起跑。自然，阿基里斯必须先跑过起跑线和乌龟的起始点之间的这段距离，但同时乌龟也会向前爬一段路程；于是阿基里斯就必须要跑过乌龟的起始点和它刚爬到的地点之间的这段距离，而此时乌龟又向前爬了一点；如此反复。无论阿基里斯何时到达乌龟刚爬到的地点，乌龟都早已向前爬了一点，所以即使阿基里斯不断缩小自己与乌龟之间的距离，他却永远也追不上乌龟。

首先，这绝对是有问题的！

其次，抛开乌龟不论，阿基里斯会因为上述同样的原因而永远不能抵达终点线。这怎么可能呢？

再次，在阿基里斯跑完全程之前他必须跑完全程的一半；在他跑完这一半的路程之前他必须跑完这一半的一半；以此类推。事实上，这样看来阿基里斯甚至都不可能开始赛跑！

出处：来自亚里士多德的文字表述，这是他关于芝诺（约公元前 500 年）的理论的引述内容之一。[1] 由于该问题的原始文字版本无法获得，上述文字为若干当代版本的整合。

1　有关芝诺悖论的最早文献记载出现在亚里士多德所著的《物理学》第六卷。——译者注

芝诺的诸多悖论都探究了空间、时间、运动、连续性和无限的本质。这一个悖论似乎是在论证运动之不可能。或者它仅仅是表明基础数学（算术和几何）不足以解决时空中的运动问题？〔难道只是因为芝诺没有正确考虑到速度的变化？又或如刘易斯·卡罗尔（Lewis Carroll）所示，他忽略了阿基里斯需要跑的路程在不断缩短这一事实？〕这一悖论在当代数学（微积分）和物理学的框架下能得到解释吗？假如这样的话，它是否意味着现代数学和物理学是对逻辑的公然违抗，或是对我们所熟知的世界的藐视（在这个世界里，阿基里斯当然可以完成比赛）？

该悖论的产生似乎是因为现实被分割成了不同的部分（如毕达哥拉斯学派所倡导的那样）。那么，芝诺的思想实验是否如其所愿地证明了存在是不变不动的"一"（如巴门尼德提议的那样）？〔参见《时间冻结的世界（休梅克）》〕或者，像某些哲学家所认为的那样，它仅仅表明现实蕴含着矛盾？

也许问题出在思想实验自身的不一致上。它先假定存在一连串无限的动作（要完成一半的路程，需先跑一半的一半，而这又需跑完一半之一半的一半），接着又莫名其妙地指出一个无法完成的限定动作（抵达终点线）。这个说法本身还不够奇怪吗？尤其是那个限定的动作还安置在无限序列的最外层！这样说来，如果那个被算作最开始一半路程的地点安置在别的什么地方——明确讲，就安排在越过终点线的某处——那么阿基里斯不就完成了比赛吗？（他没有吗？）

话又说回来，一段无限的路程并不等同于无限次数的路程。注意，不是A点和B点之间的距离是无限的，而是距离所能被分割的次数是无限的。所以，如果阿基里斯可以跑完从起跑线到终点线的限定行程，他就完成了两者之间无数次的行程（1/2的路程，1/4的路程，1/8的路程，以此类推）吗？（这会是一个悖论吗？）

或许在逻辑的可能性与现实的可能性之间也存在着混淆。当然，从逻辑上讲，如果阿基里斯能够完成"X"（从某一点跑向另一点），他就能完成"X+1"（从该点再跑向另外一点），如此等等。然而，就算从逻辑上看，他怎么能完成（即到达终点）一连串无限的任务——"无限"不就意味着"没有终点"吗？

卢克莱修的矛

让我们假定全部空间是有限的，若有人跑到空间的尽头，猛力投掷一支长矛，你是认为这用力投出的长矛会持续不停向前飞去，还是认为那里有某物会将它阻挡下来？

出处：卢克莱修，《物性论》。

Lucretius. *De Rerum Natura*. Book Ⅰ：968-973. c.95-55 BCE.Frank O. Copley，trans. New York：W.W. Norton，1977：23-24.

卢克莱修的整篇长诗是在探讨实在的本质。该思想实验导致卢克莱修得出空间是无限的这一结论：一方面，如果长矛撞到了障碍物或者边界，按照卢克莱修的推理，那么在边界之外就有某物存在[1]，所以空间是无限的〔"任何事物都不可能具有终点，除非在其之外有某物为其划界"（960—961）〕；另一方面，如果长矛没有撞到障碍物而是永远飞着，这样一来，也说明空间是无限的。

卢克莱修的思想实验里有问题吗？两个对立的结果怎么就导向

---

1 卢克莱修确信的前提是任何事物都存在于空间中。——译者注

了相同的结论？难道他关于空间无限的结论一定要被认可吗？

想象不被设想而存在之物的不可能性（贝克莱）

你当然会说，没有比想象不被人感知而存在之物更简单的事啦，比如公园里有树、壁橱中有书……但是，你自己不就一直在感知或想象着它们吗？因此，你的说法并没有达到反驳的目的；它只是表明你拥有在自己心中想象、构筑观念的能力，但它不足以说明你能够想象你的思想对象可以脱离心灵而存在。为了证明这一点，你必须想象它们能够不被设想而存在……但是，被欺骗的心灵认为自己确实能够想象那些不被设想或是脱离于心智的物体。

出处：乔治·贝克莱，《人类知识原理》。

George Berkeley. *Of the Principles of Human Knowledge*. 1710. As reprinted in *The English Philosophers from Bacon to Mill*. Edwin A. Burtt, ed. New York：Random House，1939：509-579，530.

根据贝克莱的观点，该思想实验——我们无能力去想象不被设想而存在的事物——的成果在于以充足的证据反驳了物质实体的存在。因此，他也就得出了他的著名论断"存在即被感知"（*esse est percipi*）。并不是当我们离开房间时那些树和书就消失了（不过我们又怎么知道呢？）——而是它们从一开始就没有作为物质实体存在过。（如果一棵树在树林里倒塌了，并且周围没有人听见，它有发出声响吗？这是什么树？）贝克莱声称，当我们感知一个物体时，我们并非在感知物体本身——我们仅仅是在体验着自己的感觉。试举一例，"樱桃就是一堆可感印象或者说是通过多种感觉感知到的观念的集合，由于这些观念被观察到相互伴随在一起，所以被心灵联结为一个事物（或者说给予它们同一个名字）……一旦你减去柔软、湿润、鲜红、酸甜这些感知的观念，你就减去了整个樱桃"［《海拉斯和斐洛诺斯的三篇对话》（*Three Dialogues Between Hylas and Philonous*）］。事实是，一个事物看起来是大是小依赖于你距其的远近（或者说水的冷热在于你浸入的手的冷热）。这就进一步暗示了物体自身并不具有确定的本质属性，因此，我们不能也不应该假设它们实际——物理上、物质上——存在。

然而，想象不被设想而存在之物真是不可能的吗？即使如此，这就证明了物体不能在物理上存在吗？如果你减去感觉，你是去掉了整个樱桃，还是只去掉了对樱桃的体验呢？

除此之外，也许某人会问，我们怎么就能在同一时间都有着同样的感觉呢？比如，当我们每个人都撞到墙上时，它却并不真的在那儿？贝克莱的答案是，存在上帝使其如此。对他来说，假定这样一位上帝存在比假定物质实体的存在要合理得多。真的吗？为什么？（或为什么不呢？）况且若是这样的话，这位上帝对于我们有着什么样的道德含义，即是否存在某位上帝负责把我们所有的观念都放进我们的头脑之中呢？

尼采的永恒轮回

假如某天或某夜，一个魔鬼趁你最凄惶、孤寂之时溜了进来，告诉你："这生活，你现在过着的，曾经经历的，必是你将来不得不承受的！你会为其不断重复以致永远循环，没有变化，毫无新意，而那每片痛楚、每份欢笑、每缕思绪、每声叹息，以及你生命中一切无法言表的伟大与平庸终将回复于你，甚至全部都以同样的秩序！——即使是此时此刻树丛中的蜘蛛与月色，即使是现在这个瞬间和这里的我！存在之永恒沙漏不停倒转，你则在其中，犹如一粒尘土而已！"

你是否会瘫倒在地，咬牙切齿地诅咒这样说出一切的魔鬼？或许你早就经历过这一至暗时刻，当时你向他答道："您真是上帝啊，我从没听过比这更神圣的言论！"

出处：弗里德里希·尼采，《快乐的科学》[1]。

> Friedrich Nietzsche. *The Gay Science*. Section 341. 1882. Walter Kaufmann, trans. New York：Random House, 1974：273.

尽管永恒轮回——这一有关无限性的特殊范畴，被大多数人仅仅视作一个引人入胜的"假设分析"，以激励人们去省察自己的人生，尼采却真的认为它是"所有假说中最科学的那个"［《权力意志》（*The Will to Power*），note 55］，因为它来源于对上帝的否定：①如果没有上帝，就没有造物和开始，因此时间是无限的；②而事物的数目和安置都是有限的；③因此，事件就必须无限地重复自身——从而，永恒轮回。（这个论证合理吗？）

尼采希望大多数人能从惊骇中觉醒，一遍又一遍地反复探索他们那无法逃避的人生。实际上，连尼采自己都认为永恒轮回初看起来着实可怕。可不论如何，正如尼采所言，尽管接受它需要一定的勇气和力量，但拒绝相信永恒轮回才是懦弱的表现。如它所是的那样，直面自己的生活吧！伴着它的苦痛，还有它的欢笑。

接下来，尼采谈道："这问题存在于所有一切事物之中，'你一再地乃至无数次地渴望这一切吗？'"（341节）这问题或者会碾碎你，或者引导你去改变自己的生活——假如一个人过着看似永远重复的生活又会怎样呢？

（当然，如果你已读过本书的其他一些思想实验，你会说："等等——我会知道我的生活在一次又一次地重复发生吗？"）

非空间的世界（斯特劳森）

有关我们探索非空间的世界的建议究竟意味着什么？想象我们脱离了外部感官又能是什么？……感觉经验的唯一对象就只能是声音。当然，声音彼此之间会具有短暂的联系，在特征的某些方面也会有所变化，如音量、音调和音质。但它们并不具有内在的空间特征……我认为我们在假设经验是纯粹听觉的同时，就是在假设一个空间的世界，这一点无须进一步论证……

那么，我们现在要考虑的问题是：一个其经验纯粹是听觉的存在物，是否能为客观殊相提供相应的概念图式呢？

出处：彼得·斯特劳森，《个体》。

P. Strawson. *Individuals*. Garden City, NY: Anchor Books, 1959: 56–58.

斯特劳森在《个体》一书中声称其所研究的是"描述的形而上学"——"描述我们关于世界的思想之真实结构"（xiii）。斯特劳森说，"我们认为世界包含着特定的事物，其中一些独立于我们而存在"（2），而且我们似乎对这些事物的时空位置赋予了特殊的重要性。这是为何呢？他答道："由于时空关系系统独特的详尽性和普遍性，使其能够担当我们组织有关殊相之具体思想的唯一框架"（13）。每一个特定的事物都能在这系统中拥有一席之地，这使得它们容易被辨识，被查阅，被人们相互谈论。不过，斯特劳森认为，也可能有其他的概念图式存在，物质性（时空位置）也许并非客观殊相的必要条件。而他的非空间世界正是为了这种替代性图式所设计的。

或许有人会提出反驳，声音事实上是空间的——它不是由左或右、从近或远传来的吗？没错，斯特劳森当然会承认这一点，但这只是表明我们拥有另外的基于空间的感官（比如触觉），如果我们只拥有听觉器官，声音就不能在空间上被定位了。

若真如斯特劳森声称的那样，声音在非空间的世界里会是可辨别的殊相吗（他本人给出的答案是肯定的）？换句话说，如果除了声音就别无他物存在，这个世界的存在者怎么能区分声音和非声音的东西呢？斯特劳森认为听觉上的连续与中断可以作为区分的标准。

还有一个有趣的问题是，如果空间感觉完全不存在（对于存在者自身以及他们所处世界中的事物），这些存在者是否能够在自己和声音之间进行区分呢——或就此而言，他们能否区分自己和别的存在者呢？如果能的话，又会是怎样的呢？

双空间的迷思（奎因顿）

假定你的梦中生活正在经历一场翻天覆地的变化。想象一下，当你在英格兰家里的床上沉沉入睡的时候，你却豁然发现自己像是处在一个湖边吊着的小棚屋中慢慢醒来。一个忧郁的女人——你意识到她是你的妻子，让你出去捕些鱼回来。梦，以一个普通人一天所经历的长度继续着，充满了各种各样恰当且因果连贯的热带生活经历。最终，你攀上绳梯回到小棚屋中沉沉睡去。而一旦你发现自己于家中醒来，所面对的却是那个有着正常的责任和期盼的世界。第二天夜晚，热带湖那边的生活以一种连贯而自然的方式，从它上次结束的地方开始并继续。你的妻子问你："你昨天夜里焦躁不安，做了什么噩梦？"于是你不自觉地给她讲了你白天在英格兰的生活的浓缩版故事。一切就这样进行着。在英格兰受的伤导致你在英格兰那边留下了伤疤，在湖畔遭人侮辱使你在湖畔的人际关系变得复杂。在英格兰的一个白天，一顿午餐之后，你在扶手椅上睡去，梦到自己或者说发现自己于午夜时分在湖畔醒来。湖畔的一切对你来说实在变化太快：你的妻子带着锅碗瓢盆离开了，你则怀疑她是去煽动村民要把你作为献给月亮的活祭品。就在你险些被自己的鱼叉刺中的时候，英格兰那边的你的睡眠状态被打破了。从此，湖畔生活的日子就一去不复返，一切又恢复到了从前。

这样一种双空间的真实性是可以想象的吗？或者说，我们生活在两个不同但却一样真实的空间中是可能的吗？

出处：安东尼·奎因顿，《空间和时间》。

Anthony Quinton. "Spaces and Times." *Philosophy*，37（1962）：130–147，141.

奎因顿探讨的思想实验涉及时空是单一的这一普遍观念，即我们接受（根据康德的说法，是被迫接受）"真实的空间延展和时间持续是整个单一时空的一部分"（139）的观念。出于考虑是否存在可设想的且能修正上述观念的合理条件，奎因顿提出了"双空间的迷思"，并表明这是可以设想的——我们能够生活在两个不同却一样真实的空间里。奎因顿论证道，湖畔生活与英格兰的生活一样连贯，而且它既能具有公共性（湖畔村民见证了你在那里的经历，该证据和你英格兰的邻居针对你在这边的经历所提供的证据一样可信），也能保留私人空间［"在该案例中，每个人都会栖居于两个真实的空间，一个对所有人而言都很熟悉，另一个对每个人来说都很特别"（143）］。

当然，奎因顿预料到了会有的反驳：湖的所在地是不真实的——事实上，没人能找到它。这又如何呢？奎因顿问道："为什么我们要为想象力准备存在论上的废纸篓呢？"（144）。他琢磨着，是否因为我们想象的世界中不存在真实的后果，所以我们就不必严肃对待它呢？但是，在湖畔世界中存在着后果，而你也确实有严肃对待（你差点被鱼叉刺中，还记得吗？）。若以这种方式解释，奎因顿认为，真实性就无须在一个（单一的）物理空间里被确定。

这一切同样适用于时间吗？我们能否想象人们具有两个连贯的经验，其中每个都在时间上相关，但两个经验之间却不存在时间关系？这似乎不大可能，奎因顿谈道："如果一个经验是我的，它就是可记忆的；如果它是可记忆的，那它就与我现在的状态在时间上相连接"（146）。也就是说，除非你记得另外一个世界的经验，否则就没理由说你处在两个世界中；但若你真的记得另外一个世界的经验，则说明这两个世界在时间上不是相互分离的。因此，奎因顿断定，尽管我们经验的概念并不需要是空间性的［参见《非空间的世界（斯特劳森）》，其对此表示赞同］，但它一定需要是时间性的［参见《时间冻结的世界（休梅克）》，其对此存在异议］。

时间冻结的世界（休梅克）

设想一下这样一个世界，有关这个世界的居民，我们所能知道的就是他们散布在三个相对较小的区域，我称之为A、B和C。这些区域被自然界线相互分隔，不过这个世界的居民通常都可以在这些区域间来回穿梭，而且在某个区域所发生的事件都能被另两个区域的人观察到。我们观察到，这个世界有一种周期性的现象，我称之为"局部冻结期"。三个区域中的任何一个若进入局部冻结期，其正在发生的一切都将完全停止，没有运动，没有生长，连衰退也会停止，如此等等。在局部冻结期间，其他区域的居民是不能进入冻结之地的。不过，他们一旦可以进入时，就会发现这块区域循着先前冻结期的终点开始继续，一切照常运行，就像从来没有被冻结过似的。那些经历了这块区域冻结期的人们，完全不会意识到自身冻结时日子已经悄然流逝，除非在冻结期的一开始他们碰巧在别的区域观察到这一现象。对这些人来说，其他的区域就像是在瞬间发生了各种各样翻天覆地的变化。

我们假定，区域A的局部冻结每三年发生一次，区域B的冻结每四年发生一次，而区域C则每五年发生一次。有了这些就很容易推算出，三个区域每六十年就会同时进入各自的局部冻结期。由于这三块区域共同构成了整个世界，所以说每六十年三个区域同时进入局部冻结期，也就是说每六十年就会有一次完全的封冻，其将持续一年。让我们接着假定：由于三个区域的局部冻结期是同时开始的，所以这种完全封冻不会在开始时被人观察到；而之后封冻发生的模式也与原先有关冻结期频率的归纳相一致。如果这一切真的能发生，那我也只好承认，这个世界的居民有理由相信在任何地方都未有变化的期间里，时间仍然存在。

针对普遍认为时间的流动必会牵涉变化的观点，休梅克的思想实验正是为了说明存在着没有变化的时间，其在概念上是可能的。但是，这个世界的居民真会像休梅克认为的那样有理由相信一切如此吗？

休梅克自己预料到的一个反驳，是聚焦于有关三个区域每六十年同时进入冻结期的归纳：居民能很容易地将有关冻结期的预测推而广之——每三年、四年、五年分别发生在A、B、C三个区域，怎么唯独忘了每五十九年三个区域都不会经历冻结期呢？按照这样的推断，既然所有三个区域在同一时间都没有经历封冻，那就不存在没有变化的时间。为什么那些居民会认可他们的归纳结论而不是这个替代性的方案呢？休梅克的回答诉诸于思维的经济原则[1]：如果存在两个同样合理且相互竞争的解释，选择更简单的那一个。但是，为什么呢？

此外，对该思想实验的一个更有趣的挑战在于——它无法解释完全的冻结是怎样结束的。可以推测，在局部冻结的情况下，一个相邻的非封冻地区某些先前的事件能够标示冻结区域的解冻，不过，在完全冻结的情况下（即没有变化的时间里），是什么引起了

1　通常称作奥卡姆的剃刀（Ockham's Razor），一般表述为"如无必要，切勿增加实体"。——译者注

或表明了从封冻到解冻的变化？仅仅是时间的流逝，就能有因果关系上的约束力吗？

所以，若真如休梅克实验演示的那样——可能存在着没有变化的时间，那我们又怎么知道，在完全冻结状态下度过的"昨天"与"今天"其实不是持续了亿万年呢？

1.2 自由意志与决定论

洛克的自愿被囚禁者

　　设想一个人在熟睡的时候被抬进一个房间，里面正好有一位他渴望与之交谈的朋友；且在他进去后房门就立即被锁上，凭他自己是出不去的。他醒来后惊喜地发现那位朝思暮想的朋友就在身边，于是，他宁愿留在这里而不是离开。我想问，他的停留是否是自愿的呢？

出处：约翰·洛克，《人类理解论》。

John Locke. *An Essay Concerning Human Understanding.* Book 2, Chapter 21, Section 10. 1690. As collated and annotated by Alexander Campbell Fraser. New York：Dover，1959，Volume 1：317.

　　一般而言，自愿的行动才是自由的表现。该思想实验则反其道而行之。洛克声称那个留在房间里的人是自愿的（他愿意待着），却不是自由的："若一个人有能力按照自己内心的意愿和偏好决定想或不想，动或不动，则可以说他是自由的"（315）。行为之所以自愿在于你可以选择去做某事，除非你真正能选择去做另一件事（那个人根本就不能离开），否则行动就不是自由的。（但是由于我们只能选择一条路，所以我们确实从来都不清楚自己是否真的本可以做出另一种选择，不是吗？）

　　因此，洛克断言，关于"自由意志"的问题没有意义——"自由"和"意志"，两者截然不同：意志是从多种行动中选择所意欲的一项的能力，自由则是能够切实按照自己意愿行事的能力。洛克认为，问题不在于意志是否自由，而是一个人本身是否自由。

哪一个应该承担道德责任——自愿，还是自由？是否一个人只要做了某事就该为其负道德责任，因为是他选择去做——无论其是否有其他的选择？也许只有当一个人能有其他选择时才应该为做某事负道德责任（在该案例中，决定论和道德责任是不相容的——在一个被决定好了的世界里，我们不能做我们所做之事以外的事情，因此我们不能为自己的行为负道德上的责任）？

詹姆斯的归家之路

如果说我下课后选择哪条路回家到现在为止都是偶然和不确定的，那么这句话是什么意思？这意味着牛津街和神圣路都会牵涉其中，但只有一者，非此即彼的一者才会被选中。现在，我要求你们严肃对待，假定有关我选择的不确定性是真的，我再给出一个不太可能的假设，即选择可以做两次或更多，且每次都会换一条不同的路。也就是说，请想象我正穿过神圣路，一股掌控宇宙万物的力量废止了它先前涵盖的十分钟时间，接着把我放回教室门外，就像我在做出选择之前那样似的。然后请继续想象，所有其他一切照旧，而我现在则做出了一个不同的选择——踏上了牛津街。你，作为被动的旁观者，观望着并且看到了两个可替代的世界——其中一个世界的我正穿过神圣路，另一个世界的我则走在牛津街上。现在，如果你是决定论者，你就会相信其中一个世界是永远不可能的：你相信它不可能是因其本质上的不合理或因某处的偶然性而牵涉其中。

不过，只是从表面上看看这些世界，你能说哪一个是偶然的、不可能的，哪一个是理性的、必然的吗？

出处：威廉姆·詹姆斯，《决定论的两难》。

William James. "The Dilemma of Determinism." 1884. As reprinted in William James, *The Will to Believe and Other Essays in Popular Philosophy*. Cambridge，MA：Harvard University Press，1979：114-140, 121.

詹姆斯对他思想实验结尾所提问题的回答是否定的："也就是说，一旦在既成事实之后，对于我们观察和理解的方式而言，任何一个世界都会和另一个世界一样地合理可信"（121）；那诸多可能世界中的任何一者都会合乎理性地从我们的过去延伸到我们的未来。因此，詹姆斯希望能以此表明非决定论（据说世界并非是"固定的"——某一事件并不必然决定他者）加诸我们的困扰是多余的，尽管其的确是源于未来的不确定和偶然性——威胁着要把我们的世界变成"某种疯狂的沙堆"（121）。但是，他的思想实验有表明不确定或偶然性不用承担非理性的风险吗？况且，所有一切都只是因为我们对非决定论的"恐惧"吗？

进一步而言，詹姆斯认为从一种严格的理论视角来看，有关世界被决定与否的问题是无法解答的。虽然如此，若从一种实用的角度来看，设定非决定论和关乎行动的意志自由是有意义的——因为若没有意志的自由，我们的行为也就丧失了好坏之分。

莱昂的纸牌预测者

设想某人A手中拿着六张黑牌和一张红牌，他对另一人B说：

"我将逐次在我面前的桌子上放一张纸牌，且正面朝上……"

设想B声称他可以预测A会率先放哪张牌。A或许会认为这着实荒谬："那么，我会先放哪张牌呢？"然后当B说"黑牌"时，A就总是放红牌，反之亦然……

这一情景是否能证明我们有自由意志？

出处：阿登·莱昂，《预测悖论》。

Ardon Lyon. "The Prediction Paradox." *Mind*, 68.272（1959）：510-517，512，515.

莱昂认为这个故事固然是虚构的，却合乎情理地证明了我们拥有自由意志。但它是否证明了A具有自由意志，或仅仅表明B在预测上是错误的呢？若B的预测不只是一个猜测，而是基于对被决定了的未来的洞悉，在这个未来只有一种行为（B所预测的那个）是可能发生的，这就很难说A能够采取不同的行动进而选择放下另一张牌。

鉴于预测对所预测对象的影响——与其论证自由意志的不可能（由于决定论），我们不如论证决定论的不可能（考虑到自由意志）。推理过程大致如此：若我说"黑牌"，你就会故意放一张红牌；那么我将会说"红牌"，你就将放上一张黑牌，这样的话我就会是正确的。当然，就算我说"红牌"也不算真的正确——不如说，只有当我嘴里说出的预测并不是我真正的预测之时，这才会是正确的。然而，即使我们加上真心实意这一限制，问题依然存在。不过，所遗留的问题是关于预测而非决定论了，不是吗？（两者之间究竟是什么关系？）

戈德曼的生命之书

一天，我正在图书馆里浏览书籍，忽然发现一本古旧且沾满灰尘的大部头书，上面题写着"阿尔文·I. 戈德曼"。我从书架上取下它开始阅读。这本书极为详细地描述了我自孩童时起的生活。它像是在调笑我的记忆，有时甚至唤醒了一些我早已遗忘的事情。我意识到这可能就是我的生命之书，于是我决心检验一下。翻到今天的那个章节，我发现了以下有关"下午2∶36"的条目："他在书架上找到了我。他将我取下并开始阅读我……"我看看钟，发现现在已经是3∶03了。"它倒是相当可信啊！"我自言自语道。而我确实也是在半小时前发现了它。我又翻到3∶03的条目，上面显示着："他在读我。他在读我。他在读我。"我站在这里继续看着书，同时思忖着，这书真是不可思议啊！该条目下又接着显示："他继续看着我，同时想着我是多么不可思议啊！"

我决定找一个未来的条目来挑战一下这本书。我翻到了自此18分钟后的条目。它写着："他正在阅读这句话。"啊哈，我心想，我所需做的就是从现在开始的18分钟内都忍住不去瞧那句话。为了确保自己不会读到那句话，我合上了书。我的思绪漫不经心地游荡着，缅怀着被那本书挖出来的、早已尘封的记忆。我决定再读读有关这些事情的章节，重温一下旧梦。这是安全的，我自语道，毕竟那都是这本书之前的章节。我读着那些段落，迷失在重新燃起的幻梦里。时间就这样一分一秒地过去了。突然，我想起来，没错，我是打算驳斥这本书的。不过，书上刚才列出的行为是发生在什么时间？似乎是3∶19吧？好在现在已经是3∶21了，这就意味着我已经驳斥了这本书了。让我来检查一下是否如此。我检查到3∶17的条目，上面居然说我在想入非非——看看，像是搞错了吧。我略过一些章节，突然，视线停留在那句话上："他正在阅读这句话。"可是，它居然是3：21的条目！那么说，是我搞错了。我本想避免的行为发生在3：21，而不是3：19了。我看看钟，现在时间还是3：21。看来我终究没能驳倒这部书啊。

戈德曼曾有可能篡改"生命之书"为他做出的预测吗？如果不能，这是否表明世界、我们的生活，是被决定的呢？

出处：阿尔文·I. 戈德曼，《行为、预测和生命之书》。

Alvin I. Goldman. "Actions, Predictions, and Books of Life." *American Philosophical Quarterly*, 5.3（1968）: 135-151, 143-144.

戈德曼对他的思想实验做了进一步的阐释，他描绘了两个其认为可以更改的预测事件，不过，他发现他有充足的理由（一个是目前存在的，另一个则是新的、不曾料到的）去按照预测的那样行事，而他也确实这么做了。这样看来，他对第一个问题的答案是否定的——在他所构筑的被决定的世界中，他无法更改那些预测。至于第二个问题，戈德曼的本意不是要表明我们活在决定论的世界里，而是想说明决定论与我们经历的生活是可以兼容的，即我们同时可以具有自愿的行为（比如思虑、选择和决定）。

但这又怎样呢？我们是想知道我们的选择与真实世界是兼容的，还是想知道它们具有因果关系的约束力（而不只是徒劳的假象）？戈德曼似乎认为后者才是重点（如同前者一样），他声称我们的行为即使是被决定的，或也为因果关系所必需的，"思虑仍是为上述任何境况所必需的"（150）。不过，某事是出于"思虑"上的"错误"就一定要比不可避免的决定更好吗？

心甘情愿的瘾君子（法兰克福）

设想……一位心甘情愿的瘾君子，除了毒品别无他求。如果他的上瘾程度不知为何有所减弱，他会倾其所能使瘾症恢复；如果他对毒品的欲望开始衰减，他亦会采取措施重拾欲望。

这位瘾君子有自由意志吗？

出处：哈里·G. 法兰克福，《意志的自由与个人的概念》。

Harry G. Frankfurt. "Freedom of the Will and the Concept of a Person." Journal of Philosophy，68.1（1971）：5-20，19.

如果"拥有自由意志"意味着能选择另一种方式行事，那么瘾君子就没有自由意志，因为他吸毒成瘾，戒不掉，也没得选择。

然而法兰克福却为"自由意志"提供了一个替代性的方案。他认为，虽然大多数生物都具有一阶欲望（想要做这做那），但正是附加的二阶欲望之存在（即有关想要做某事的欲望，标志着反思性的自我评价）才将人类与其他生物区别开来。当我们的意志与那些二阶欲望相符时，当那些欲望驱使我们照其行事时，法兰克福就认为我们拥有自由意志。一个人（或生物）就算能自由地行动（做想做的事）却仍不具有自由意志。想想一条狗，它没有二阶欲望但能尽力满足自己所有的一阶欲望——比如，什么时候想跑就跑，无论在哪儿想跳就跳。而一个人即使不能自由地行动却仍然拥有自由意志。设想某人意识不到自己没有能力去做某事，他可能仍然有相当自由的意志去做那件事。正像自由的行为意味着某人自由地做他想做的事，自由意志则意味着某人自由地拥有对其想做之事的意志；当你具有你想拥有的意志时——当你的意志符合你的二阶欲望时，你就拥有自由意志。因此，法兰克福称，因为瘾君子的行为符合他的二阶欲望（他自己想成为一名瘾君子——他渴望拥有对毒品的欲望），所以他确实具有自由意志。尽管事实上他的意志不受其掌控，然而无论如何，其仍和他的欲望相符。

这就够了吗？我们怎么能确信他的欲望（一阶或二阶）之所以不受掌控，不都同样是因为他吸毒成瘾呢？［参见《灵巧的生理学家（泰勒）》］

灵巧的生理学家（泰勒）

我们可以设想有一位极灵巧的生理学家，只要他愿意，仅仅通过单击一部仪器上的多种按钮就可以让我产生任何意愿。我们假设，现在我身上连接着许多线路。在这种境况下，我所有的意愿，准确地说，都是他赋予我的。通过按下一个按钮，他让我产生了举起手的意愿，而我的手也未受任何阻碍地抬起来以回应这个意愿。他又按下另一个按钮，让我产生了想踢腿的意愿，而我的脚也不由自主地踢出去以回应此意愿。我们甚至能设想，这位生理学家让我手中拿着一杆步枪，瞄准面前的行人；接着，他又按下某个按钮，让我产生了用手指扣动扳机的意愿，于是，那位路人就被子弹击中身亡了。

我是自由的吗？

出处：理查德·泰勒，《形而上学》。

> Richard Taylor. *Metaphysics*. 2nd edition. Englewood Cliffs, NJ: Prentice-Hall, 1974：50.

如果宇宙万物都是决定好的，那么似乎我们就没有自由意志。（尽管它可能对于定义决定论非常重要——举例来说，若一切都是被决定的或被引起的，通过证明先前存在的状况并不是必需的，就能表明在一个给定的时间，不止一种行为是可能的。）"兼容论"（声称自由意志和决定论是可以兼容的观点）为该问题提供了一种解决方案——其将自由定义为不存在阻止人做某事的障碍，或是缺乏强迫人做某事的强力。因此，即使在一个被因果法则决定的世界里，一个人仍然能够是自由的（摆脱障碍与强力）——根据自己的意愿或欲望自由地行事。

泰勒的思想实验是对兼容论的挑战：一个人或许可以按照自己的欲望自由行事（就是说，他既没被阻拦也不遭强迫），但只要他的欲望是被某事所引起的（按照决定论，它们也必须如此），那么就很难说此人是自由的。不过，也许有人会回应说，那个"某事"可能就是我们的自我（而非什么灵巧的生理学家），因为所做出的选择（它决定了我们是谁及我们是什么样的人）以及使我们做出抉择的理性，决定了我们要为自己的欲望负责。假如是你要求那位生理学家"产生"那些欲望又会怎样呢？设想一个人雇用了一个催眠师，催眠师为他移植了让他出去的欲望。当他雇用催眠师的时候，还有之后当他走出去的时候，他不是在遵照自由意志行动吗？况且，是什么让我们选择了曾经的所作所为？又是什么使我们的行为符合理性？我们是谁及我们是什么样的人，若只是归咎于我们的基因构成和发生在我们身上的事情——这两种外在原因，岂不是和那位灵巧的生理学家一样具有"不可抗性"吗？想想加德纳的乌龟："想象一只机械乌龟，遵照内在的机械装置的作用力在地板上爬行。它爬到这儿，又爬到那儿，表面上看像是完全随意的。把它与小孩上发条的玩具乌龟比较一下。那个玩具在外力的强制下像模像样地爬着，而那只机械乌龟倒是没受到外在的强制"［马丁·加德纳，《哲学代言人的为什么》（*The Whys of a Philosophical*

Scrivener），105］。哪只乌龟是自由的？

注意，就算世界不是被决定的，我们还是不具有自由意志。在一个世界里，如果事件不是由原因引起的，那我们的意志对我们的行为也不会产生任何影响。

不过，非得就是"要么一切，要么全无"吗？我们能否说一些事件是被引起的，而另一些不是？可是，你能分得清这些、那些吗？或许事件是受先前各种条件的关联才引发的，而就人类行为而言，或许我们的意志就是条件之一。那是否可以说，我们的意志会影响但不会完全引发我们的行为呢？

1.3 宗教哲学

高尼罗的迷失岛

据说在大海深处有座岛，其名为迷失岛。人们盛传这座岛拥有各种各样无法估量的财富与宝藏，比传说中的任何一座金银岛都更富有；那里既没有物主也没有居民，它所储藏的丰富宝藏，远胜其他所有有人居住的国度。

现在若有人告诉我存在这样一座岛屿，我当然很容易理解他的话，没有任何困难。但是倘若他继续说下去，就像进行逻辑推理似的："由于你毋庸置疑地相信它存在于你的理解之中，你就再也不能质疑这座比其他任何岛屿都更完美的岛存在于世上某处。而且由于它不仅在你的理解中最为完美，在现实中也最为完美，因此它一定存在。因为如果它不存在，那么其他任何真正存在的岛屿就会比它更完美[1]，如此，你所理解的最完美岛屿也就不再是最完美的了。"我该相信他吗？

出处：高尼罗，《为愚人辩》。

Gaunilo. "In Behalf of the Fool." C. 1078. As rendered in *Anselm's Basic Writings*. 2nd edition. S.N.Deane, trans. Chicago：Open Court Publishing Company，1962. As reprinted in *The Ontological Argument：From St. Anselm to Contemporary Philosophers*. Alvin

---

1　考虑到"存在"这一条件。——译者注

Plantinga，ed. Garden City，NY：Anchor Books，1965：7-13，11.

关于上帝存在的本体论证明首先应归功于安瑟尔谟［《宣讲》
（*Proslogion*），1078］，如下所示：我们能够设想上帝，其为一无
与伦比的伟大存在者；一个东西在现实中实际存在要比一个仅仅在
我们心中存在的东西更加伟大；因此上帝实际上存在。简而言之，
上帝是"不能设想比其更伟大者"。不同于设计论证（参见《佩利
的手表》），其诉诸对经验事实的感知［一个后验（a posteriori）
论证］，安瑟尔谟的论证仅仅需要理性的概念［一个先验（a
priori）论证］。

高尼罗曾写了篇对安瑟尔谟有关上帝存在证明的反驳文章，
"迷失岛"就是其中的一部分。"如果，"高尼罗说道，"一个人
试图以这样的推理向我证明这座岛真的存在……我应当相信他只是
在开玩笑"（11）。有人也许认为高尼罗的反驳只是表明我们不能
仅仅通过想象某物就使它真的存在：我们能够想象最美丽的岛屿，
但不意味着它不得不存在。然而，对该反驳的质疑不止于此，因为
安瑟尔谟没有简单说上帝是最美丽的——他说的是上帝是最无与伦
比的，并且成为最无与伦比的本身就不得不包括存在。但是，高尼
罗说，这不是必需的：完美并不必然蕴含着存在。确实，为什么不
呢？是什么使存在的某X就一定比不存在的某X更伟大呢？是否存
在总是比不存在更好呢？

有人可能也会质疑安瑟尔谟论证中显现的循环倾向：如果你已
定义上帝是某种存在之物（并且安瑟尔谟也确实称"可设想的最伟
大"包括了"存在"），岂不是在开始证明之前就预设了答案？

在安瑟尔谟对高尼罗的一篇回复文章中，他声称，"绝不能将
不能设想有比其更伟大者理解为除了比一切都伟大者之外的任何东

西"（21）。他因此确信了基督教有关单一上帝的观念。但他为什么据此就推导出独一无二的特征以及存在这一性质呢？"可设想的无与伦比者"与"比一切都伟大者"存在着些微但明显的不同（安瑟尔谟似乎交替地使用这两个词汇）；两个事物（或更多）同样伟大并且没有比它们更伟大之物了——这能够设想吗？不能吗？

帕斯卡的赌注

如果存在上帝，则其是无限地不可理解：因为他既没有部分也没有边界，与我们毫无关系……

那么谁又能指责基督徒们不能为他们的信仰给出理由呢？他们不正是在宣扬一种不能给出理由的宗教吗？……让我们考察一下这个观点："上帝存在，或不存在。"然而，我们该倒向哪边呢？理智于此解决不了任何问题；在我们之间（基督徒和无神论者）存在着不可逾越的鸿沟。一场赌博正在上演，在这无限旅程的尽头，胜负终见分晓。你会将赌注押在哪边呢？根据理智，你不能选择任何一方；根据理智，你也不能放弃任何一方。

既然你必须选择，那就让我们看看怎样才能让你损失最小。你有两件东西可输：真与善；你有两件东西可赌：你的理智和意志，你的知识和幸福；而你的天性又有两件东西需规避：错误和苦难。如果非选择不可，你的理智不会因你选了一边而非另一边就有所损失。这一点已经明确。但是你的幸福呢？让我们衡量一下赌上帝存在一方的利弊吧。评估以下这两种可能：如果你赢，你就赢得了一切；如果你输，你也不会有任何损失。

出处：布莱兹·帕斯卡，《沉思录》。

Blaise Pascal. *Pensées*. no.223.1670. H.F.Stewart，trans. New York：Pantheon Books，1965：117，119.

帕斯卡极力煽动我们，"不要犹豫了，就赌上帝存在吧"（no.233），并且一针见血地问道，"你有什么好损失的呢？"（no.233）

不过，也有人对此并不赞同。如果有关"上帝存在"的信念最终被证明是错误的，你就将失去那些你本可以拥有的尘世欢乐——因为这一信仰使你放弃了它们；只有当你的信仰被证明是正确的，你才能赢得一切（天堂里的永恒极乐）。但是这恰好也是帕斯卡的观点：些许尘世的欢愉相较于永恒的极乐，何者为大呢？同理，如果你赌"上帝不存在"而且你输了，你就准备损失更多吧——你将在地狱里承受无穷的苦难。

不过，仍有人对此不赞同。只有当我们已经相信了基督教的赏罚体系，帕斯卡的赌注才会在劝导人们相信基督教上帝存在是符合情理的方面取得成功（这正是帕斯卡的目的——他并未打算用他的赌注为上帝存在提供任何证据）。存在一处天堂吗？它是永恒极乐之地吗？而且它为那些信仰某位上帝的人们预留了位置吗？（就像喜剧演员杰斯·理查德兹所说的俏皮话："假如上帝存在，可天堂却是专为那些意识到没有证据表明上帝存在的绝顶聪明人士而设的，又会怎样呢？"）

幼稚、低劣或老朽的神（休谟）

假设一位智力相当有限的人士被带到这个世界上，且被告知，这个世界是一位伟大而仁慈的存在者的作品。也许，他会因为发现

28 图利的猫：史上最著名的116个思想悖论

这世上充满了罪恶、不幸及混乱而深感震惊，但这不会使他放弃先前的信仰——假如这信仰是建立在非常可靠的论证之上的话。由于这位智力有限者一定能感受到自己的盲目与无知，也就一定会承认，针对那些他永远理解不了的现象可能存在着许多解释。但是若假设……此人并非事先确信存在这么一位全知、全善、全能的造物主，而是让他从事物的显现中推断出这么一个信仰。他能找到理由来断定，世界是这么一位全知、全善、全能的神之作品吗？
出处：大卫·休谟，《自然宗教对话录》。

David Hume. *Dialogues Concerning Natural Religion*. Part XI . 1779. As reprinted in *The English Philosophers from Bacon to Mill*. Edwin A. Burtt, ed. New York：Random House，1967：690-764，745.

休谟关于上述问题的答案是否定的——如果我们不带着先前的信仰偏见来考察这个世界，我们就不会推断出它是被这样一位神所创造的。因此，他拒绝接受关于上帝存在的设计论证（参见《佩利的手表》）。

事实上，休谟给出了使自然之恶引发种种苦难的四个条件："人和动物被设计成会因一切痛苦及欢乐的激发而采取行动"（746），"世界受普遍规律的支配[1]"（747），"自然赋予每一个特定存在者力量与能力时所遵循的节约原则"（748），"自然这部伟大机器即使运用一切动力和原理，其技艺仍不精纯"（749）——这也许要比以下推断合理得多——这个世界是"某个幼稚的神粗陋的浅尝之作，随后他就将其抛弃，并为自己拙劣的技艺感到羞愧"（720），或"某个从属的、低劣的神的作品——是

1　即不受个体意志的干预。——译者注

被高级的神所嘲笑的对象"（720），又或"是某个老朽的神年老昏聩时的作品，在其死后仍然继续运转"（720）。（不是吗？）

佩利的手表

设想在穿过一片荒原时，我的脚碰到了一块石头。若被问及这块石头为什么在那里，我可能会随便回答说它就一直躺在那儿，而这个回答的荒谬之处也并不易被察觉。但是倘若我发现的是掉在这荒原上的一块手表，那就应该探究下为何这块表会碰巧出现在那个地方。

出处：威廉·佩利，《自然神学》。

William Paley. *Natural Theology，or Evidences of the Existence and Attributes of the Deity Collected from the Appearances of Nature*. 1802. As reprinted in *A Modern Introduction to Philosophy：Readings from Classical and Contemporary Sources*. 3rd edition. Paul Edwards and Arthur Pap，eds. New York：The Free Press，1973：419-434，419.

佩利的回答是"手表必须要有一个制造者"（420），因为"它的诸多零件是为了一个目的（报时）而被组装在一起的"（419）。他接着推理道，既然自然世界所展现的并不像一块石头那般简单，而更像是为了某一目的而设计的，那么它也必须有一个制造者。"设计论证"是为证明作为造物主的上帝是真实存在的，也即通过类比得出论证：手表之于制表人如同自然世界之于作为造物主的上帝。

不过，这样的类比恰当吗？首先，自然世界是像手表一样被"设计组装"的吗？人们至少可以举出好几种事例来反驳它。佩利可能会回应道，他所需要的仅仅是一则有关设计的例子——而且他只关注于人类的视野——为了推断出确实存在一位设计者。也许有人会指出人类的视野也不是被设计完好的，比如，如果没有光，就什么也看不到。但是佩利会说，设计中的缺陷关乎造物主的属性（这些瑕疵或许暗示了一个缺乏想象力、笨手笨脚的设计者），而他所做的只是为了确定造物主的存在。

其次，自然世界的各部分是为了"某一目的"而合作运转的吗？也许有人质疑，这自然世界的一切，包括我们在内，其目的并不像那块手表一样明显。佩利会回应道，我们是否理解各部分如何运转并不重要——重要的只是，它们是被设计成这样运转的。可是，如果我们不知道自然世界的目的是什么，我们又怎能说它是为了某一目的才被设计出来的呢？

即使自然世界的各部分是为了实现某一目的而组合在一起，作为造物主的上帝就是唯一可能的解释吗？也许世界之所以如此，只是偶然罢了。佩利不会同意这一点：手表——通过类比，自然世界亦如此——太过复杂，太有组织性，不可能仅仅是偶然的结果——一粒粉刺可能是偶然的产物，但眼睛就绝不可能是偶然！（一块石头和一块手表真有如此大的差别吗？）

也许世界本来就一直是这样呢？佩利会说，即使诉诸无穷后退，也仍会遗留下未能说明的设计。

再次，如进化论所示，各部分之所以组成一个整体，是因为如果它们不如此（不适应它们的环境）就无法生存。进化论似乎可以挑战佩利的论证，却未能挑战他的结论：对于那些倡导有神论的演化者来说，他们会同意是上帝设计了我们世界的发展进程（或如佩利所言，设计了这样的世界）。

长期被忽略的花园（威兹德姆）

有两人回到那座被他们长期忽略的花园，发现杂草中一些曾经的植物令人惊讶地生机勃勃。一人对另一人说："一定是有位园丁来过，对这些植物做了些什么。"打探之后，他们却发现没有邻居看见任何人在他们的花园里工作过。第一个人对另一人说："他一定是趁人们都睡着的时候才来工作。"另一人则说："不对。那样的话就会有人听到他的动静。况且，若有人在乎这些植物，他至少也会把这些杂草除掉。"第一个人又说："你看这些植物被修剪的方式，这显然是有目的的，而且有着对美的欣赏。我相信一定是有谁来过，其是肉眼凡胎所看不见的。我相信如果我们更加仔细地检查，就会发现更多关于他的证据。"于是，他们就开始仔细检查花园。有时他们发现的一些新鲜事像是暗示有这么一位园丁到访过；而有时他们发现的新证据却正好相反，倒像是一个恶毒的家伙来这里捣乱过。除了检查花园之外，他们也着手研究没被照料的花园会变成什么样子。两人都获悉了有关这花园彼此所掌握的一切。最终，在做完这一切之后，第一个人说："我还是相信有一位园丁到访过。"另一人则说："我不相信。"两人的说辞并未反映出他们在花园里的发现有何差别，即使他们检查得更仔细也仍无区别，甚至是在花园多久不照料才会荒废这一点上也没有异议……他们之间到底有何不同呢？

出处：约翰·威兹德姆，《上帝》。

John Wisdom. "Gods." *Proceedings of the Aristotelian Society*, 45（1944–1945）：185-206，191-192. Reprinted by courtesy of the Editor of the Aristotelian Society：© 1944–1945.

威兹德姆的思想实验是为了考查"信仰神圣心智的逻辑性"

（187）。在他看来，信仰若是合理的，必须存在事实给予支持；但那两个回到花园的人在所有获得的事实方面却是一致的。既然如此，为什么一人相信存在一位园丁而另一人不信呢？也许，他们意见的不同不应归咎于事实本身，而是源于事实所提供的、可被感知的证据。而且，有关某一事实是否可以充分支持某一结论的争辩是能够解决的。威兹德姆认为，解决方法可以是追溯论证的要素和它们彼此间的联系，也可以是辨识荒谬的推理（错误的连接），或是通过揭露隐藏的臆断来实现。当上述两人的论证被这样一一检验后，又会有什么后果？

安东尼·弗卢（Antony Flew）重写了威兹德姆的剧本［参见《神学与证伪》（"Theology and Falsification"）］，其详细描述了那位笃信者为了证明园丁的存在，反反复复进行了许多测验。随着每次测验的失败，笃信者都会修饰、限定自己的论断。最终，这使得那位怀疑者无奈而沮丧地问道："你说的到底还有什么意思？一个看不见、摸不着、永远找不到的园丁和一个虚构的，甚至是根本不存在的园丁究竟有什么分别？"

希克的重生之人

场景一：设想美国正在举行某个学术会议，其中一位来访者突然且令人费解地消失了。而就在这时，他的一个丝毫不差的复制品同样突然且令人费解地出现在澳大利亚正在举行的一个类似会议上。出现在澳大利亚的那个人与在美国消失的那位完全一模一样，涵盖身心各方面的特征：记忆上的连续性，身体特征的完全相似性——甚至包括指纹、头发和眼睛的颜色、胃里的食物，以及信仰、习惯和心理倾向。事实上，所有一切都让我们认为出现和消失的两人完全是同一人，除了空间占有上的连续性……

场景二：现在，让我们假定在美国发生的事件并非一次突然而神秘的消失，而且它确实不是什么消失，而是猝死。只有当那个个体死亡的时候，一个基于他死前那一刻状态的复制人，配备了那一刹那之前的所有记忆，出现在澳大利亚……

场景三：我对这个装满记忆的复制人的第三个猜想，是他没有出现在澳大利亚，而是作为一个重生者出现在一个完全不同的世界，一个居住着重生之人的转世之地。这个世界占据着自己的空间，与我们现在熟悉的空间截然不同……

我们不能这样想吗？

出处：约翰·希克，《神学与验证》。

> John Hick. "Theology and Verification." *Theology Today*, 17.1
> （1960）：12-31, 22, 23.

该思想实验的背景是探讨基督教的上帝之存在在原则上是否是可验证的。也就是说，我们能至少想象出某些能够证明这样一位上帝存在的体验？"死后的生活"，即"在肉体死亡后意识继续存在"——就是这样一种体验。然而，另一些人则声称这样一种有关不朽的观念是不可理解的：自我不能脱离肉身而存在。希克设计的这个思想实验就是为了表明关于死后生活的观念是明白易懂的。我们能够想象意识在肉体消亡后仍继续存在，这没有任何矛盾。（因此，基督教的上帝之存在，原则上是可以验证的。）

不过，也许有人会问，第三幅场景里的那个人怎样得知他已经死了？或许他只是沉沉睡去然后又醒来——那么这就完全不是死后的生活了。希克为自己描绘的场景增设了一种可能，即那个人会在转生的世界里遇见已经去世的熟人。

即使有了这个附加条件，希克的实验就达到他想表明的目的了吗？也许不朽是可以理解的，而且这样的不朽也能与基督教观念里的上帝相符。但它只与基督教的上帝相符吗？或许死后的生活验证的是其他某个神灵，或者我们所知的死亡并非是我们以为的结束。对于此，希克只是增设了另一个可能性，即那个人会在转生的世界里以某种方式与基督教的上帝相遇。

但此人怎样会知晓他已经遇到过那位上帝呢——区区一个人怎能辨识出那个人类经验无法企及的至高无上者呢？希克的回答是，这位上帝通过耶稣基督向我们显示了自己，所以如果那人能在重生的世界里遇见耶稣，就足够证实基督教上帝的存在了（当然，希克承认，这样的存在只能为那一人所验证）。这"条件"是不是有点太多了呢？

还要插上一句——原则上的验证有什么重要价值吗？

• • •

充斥着灵活多变的自然法则的世界（希克）

假设，与事实相反，这个世界是一座天堂，其排除了一切痛苦与灾难发生的可能。其结果则会影响深远——没有人会因为意外事故而受伤：登山者、高空作业人员或是正在玩耍的小孩，他们就算从高处跌落，也会毫发无损地飘浮着地；粗心大意的司机也不会酿成任何灾祸……这样就没有必要去关心处在困窘或危险之中的其他人了，因为这个世界根本就不存在所谓的匮乏或是危险。

要使这一系列连续的个体相互协调，自由就必须遵循"特殊的天意"来工作，而不是根据普遍的规律来运转——人们若不学会尊重这些规律，就会遭到痛苦乃至死亡的惩罚。自然法则也不得不是极为灵活多变的：重力有时会起作用，有时则不会；一个物体有时是坚硬的，有时又极为柔软。也不存在什么科学，因为就没有什么持久的世界结构可供你研究。

这样一个世界会是所有可能世界中最好的那个吗？

出处：约翰·希克，《宗教哲学》。

John Hick. *Philosophy of Religion*. Englewood Cliffs, NJ：Prentice-Hall，1963：44-45.

有人会用事实的恶来否定宗教——比如基督教信仰中，那位慈爱而全善的上帝之存在。希克有关充斥着灵活多变的自然法则的世界，就是对上述观点的批驳的一部分。在涉及"道德上的恶"这方面——由人类的行为引起的痛苦和灾难，希克这样论述道，"不论在哪层意义上讲，只有人（即拥有自由意志者）才能成为'上帝的儿女'，才能与自己的创造者建立一种个人的关系，凭借着对上帝之爱自由而非强迫性地祈祷。"（43）而该思想实验则针对的是"非道德的恶"或"自然之恶"——由自然现象，像地震、干旱等引起的痛苦与灾难。

根据希克的观点，上帝创造世界是把它作为"一个'锻造灵魂'的地方；在一个共同的环境下，自由的人们努力克服生存的任务和挑战，才有可能成为'上帝的儿女'和'得享永生之人'"（44），而这样的成长不可能发生在一个没有真正危险和真实痛苦的世界里。"根据定义，在一个没有真正危险和苦难的环境里，勇敢和坚韧就没有任何意义，"希克谈道，"像慷慨、善良、博爱、谨慎、无私以及其他一切以稳定环境里的生活为先决条件的道德观念，甚至都不可能成形。"（45）简而言之，在一个没有自然规律和随之而来的痛苦及灾难的世界，我们就不可能发展出道德品质，我们因此也就不能成为"上帝的儿女"——他所想象的这个世界就会是"所有可能世界中最糟糕的那个"（45）。

但是，有什么证据显示了这个世界如希克所声称的，是某位神创造的、"锻造灵魂"的地方呢？而且希克岂不是陷入了循环论证——假定一位全善的上帝来表明，事实的恶无法否定存在一个全善的上帝？还有那些拥有感觉的动物们（想必它们是没有灵魂的），因为森林火灾或其他自然灾害而遭受巨大的痛苦（参见《罗的鹿》）——倘若我们成为"上帝的儿女"是以它们为代价，这是合理的（或者说不可避免的）吗？

再说了，一个没有痛苦和灾难的世界就必然意味着其不具备连贯的自然法则吗？我们难道不能设想这样一个世界——它有着一致的自然法则，只是我们所感觉到的疼痛（当我们跌倒、被撞的时候）被麻木感所代替？（或者，若这还不够的话，想想休谟的建议：根本就没有什么痛苦，只是幸福的程度不同；一个人之所以把手从火中缩回来，就是为了避免幸福指数的突然下滑。）

柯利·史密斯与普世之堕落（普兰丁格）

假设，波士顿的市长柯利·史密斯反对修建高速公路的提案。而从交通运输部门的观点看，他的反对是极为无聊的——他抱怨修建这条路需要摧毁老教堂和其他一些腐朽且结构也不稳固的老建筑。交通运输部门的主管向他行贿35000美元请其撤回反对意见。由于不愿打破马萨诸塞州政坛的悠久传统，柯利接受了贿赂……

……进一步假设，柯利的易受贿性是彻底而绝对的……

……不论上帝将柯利置于何种境地，只要意味深长地赋予了他自由，他就至少会犯一次错误……

……柯利所患的，正是我称为普世堕落（transworld depravity）的疾病。

因此，上帝就不能创造一个没有道德上的恶的世界，不是吗？

出处：阿尔文·普兰丁格，《必然性的本质》。

Alvin Plantinga. *The Nature of Necessity*. London：Oxford University Press，1974：173-174，185，186.

普兰丁格的柯利·史密斯在所有可能的世界里至少会犯一次错，而很可能，我们所有人都和柯利·史密斯一样，即我们都患有普世堕落之疾。普兰丁格因此断定，也许上帝不能创造一个让人们既自由又不犯错的世界。普兰丁格提供的这个思想实验，是为了回应那些声称——如果上帝真是全能全善的，他就会创造一个让人们拥有自由却不会作恶的世界。（由此，普兰丁格举起了"以自由意志"抗辩恶之存在的大旗，认为道德上的恶是我们自由意志不可避免的副产品。）

不过，有人会质疑，上帝在创造人类时难道不能剔除普世堕落之疾吗？或至少让一个世界（最好是我们的这个）没有堕落？假如是这样的话，我们就该问问那些总是在行善的人们是否自由。如果我们是自由的并且时而行善，那我们是自由的并且总是行善难道在逻辑上是不可能的吗？自由怎么就取决于实际的作恶呢？

罗的鹿

设想在某个遥远的森林里，闪电击中了一棵枯树，引起了一场森林大火。大火中，一只鹿绊倒了，被烧得遍体鳞伤，它还要在死亡的解脱到来前忍受数日痛苦的煎熬。就我们目前所知而言，鹿所受的强烈痛苦是毫无意义的。为了使鹿的痛苦得以避免，要么需要减损同等或更高的善，要么需要引发同等或更糟的恶。而这里并没有显现出任何更高的善，同样，似乎也没有任何同等或更糟的恶与鹿的苦难相联系——它们若发生的话，本可以阻止鹿的灾难……既然鹿所受的强烈痛苦是可以避免的，而就我们所知，其又是无意义的，这是否意味着……确实存在着一些强烈的痛苦或灾难，那位全知全能者本可以阻止它们的发生，既不会因此而减损某些更高的善，也无须默许某些同等或更糟的恶呢？

出处：威廉·L. 罗，《恶的问题与无神论的一些变种》。

William L. Rowe. "The Problem of Evil and Some Varieties of Atheism." *American Philosophical Quarterly*, 16.4（1979）：335-341，337.

　　罗预料到我们会给出肯定的答复，由此接受了无神论证明的第一个前提："存在一些严重的苦难——全知全能的上帝本可以阻止它们发生，并且不会因此而损失某些更高的善，也无须允许某些更糟的恶。"（336）第二个前提，"一位全知全善的上帝会阻止任何严重苦难的发生，除非会因此而减损某些更高的善，或允许某些同等及更糟的恶"（336），这就引出了结论，"全知、全能、全善的上帝并不存在"（336）。

　　虽然如此，罗也预料到了一种反驳："也许，正如我们所知，存在某种熟悉的善以一种不为人知的方式与鹿所受的苦难相关联，并且它的意义要远胜过鹿的苦难。此外，也许存在某种我们做梦都想不到的、不熟悉的善，与鹿所受的苦难有着无法摆脱的联系"（337）——所以，我们并不知晓第一个前提是否为真。但是，罗回应道，我们确实有理性的根据来相信它是真的。这理由足够吗？

罗继续道，即使它以某种方式让我们相信鹿的苦难与某个更高的善或某个同等及更糟的恶之间有着无法挣脱的联系（诉诸性格发展是不行的，因为可以肯定，所有那只鹿可能具有的性格塑造都不会因为要被火烧死而受到鼓舞。同样，求助于自由意志也得不到解释，因为那场火是由闪电引起的），它也不大可能适用于所有那些每天发生的、极为严重的灾难性事件。（如果罗的鹿是一只特别邪恶而猥琐的鹿，也不会有什么改变吗？如果不远处有另外一群小鹿目睹了这可怕的死亡，又会怎样呢？）

PHILOSOPHY OF MIND

心灵哲学

洛克的颠倒光谱

（假设）由于我们器官组织的不同，使得同一个物体在同一时间于各人心中产生的观念亦不同。举例而言，某人眼中的一朵紫罗兰在其心中产生的观念恰和一朵金盏花在另一人心中产生的观念相同，反之亦然。

这一切能为人所知吗？

出处：约翰·洛克，《人类理解论》。

John Locke. *An Essay Concerning Human Understanding*. Book 2, Chapter 32, Section 15. 1690. As collated and annotated by Alexander Campbell Fraser. New York：Dover，1959，Volume 1：520.

洛克的回答是，我们不能知道这一切是否如此，"因为一个人的心灵不能进入另一人的体内，去感知那些器官产生了些什么现象"（520）。针对同一事物，他人的体验可能和你自己的并不相同（就像他或她的光谱与你自己的正好相反），这种可能性与知悉这一切的不可能性，皆在强调经验绝对的主观性：我们只有通过"内在视角（the view from here）"才能体验（参见《内格尔的蝙蝠》）。这也暗示了我们在确立真实性方面的局限：没有任何方法能够证明或反驳主观经验。另一则暗示是：如果我们不知道他人心灵的内容，我们是否至少能知道存在着其他的心灵呢？［这被称作"他心（other minds）问题"。参见《柯克和斯夸尔斯的僵尸》］

该思想实验的当代发展使其无须再假定交互主体性（intersubjective）的区别，但仍要求主体内在性（intrasubjective）的差异：设想某个人的光谱已被更改——可能是因为一双颠倒成像的眼睛，也可能是神经元被重新连接，或者是被带到了一个黄色天空、红色草地的星球上。种种猜测都是为了向精神状态等同于功能状态（或行为）这一观点提出挑战。此人若是向往那些颜色曾经向他显现的方式，说明他的精神状态已有了变化（比如，当他再看见红色时，他现在就会体验到某些不同的东西），即使他的功能状态仍未改变（比如，经过一段时间适应后，当他看见"红"灯时仍会停止前进）——因此，人们可以由此推断，存在着两种相互独立却彼此相关的状态，或者并非如此——如果他真正的主体经验得以复原（这并不是经过适应后，颠倒的主体经验），那么归根结底，精神状态和功能状态可能仍旧是相同的。

莱布尼兹的机器

设想存在一部机器，其构造使它可以思考、感觉并且进行认知；想象这部机器整体保持原有比例而被放大，这样你就可以进入它，就像走进一家工厂。你可以参观它的内部，不过你在那儿会观察到些什么呢？除了互相推动着的部件，再也没有什么能解释其知觉的了。

出处：戈特弗里德·威廉·冯·莱布尼兹，《单子论》。

Gottfried Wilhelm von Leibniz. *Monadology*. Section 17.1714. Paul Schrecher and Anne Martin Schrecher, trans. Indianapolis：Bobbs-Merrill，1965：150.

莱布尼兹思想实验的要点在于指出思考、感觉和认知不能通过机械论——仅仅是部分和部分的运动（如唯物论者所称）就得到解释。换句话说，心灵比大脑要承载得更多（如二元论者所称）。那么这个"更多"可能是什么呢？莱布尼兹的阐释涉及某种和谐、完满的"交响乐章"，其由上帝的简单元素（单子）紧密联结，以及由它组成的复合物（事件）谱写而成。

不过今天我们知道，精神状态有着可测量的关联物——大脑中的电子和生化变化。而且，实际上，如果心灵真的是分离于大脑的某事物，为什么大脑受到伤害就会影响理性、情感和意识之类的精神特征？或许心灵并没有比大脑承载更多东西。

然而脑部扫描也只能显示我们正在思考，却非我们正在思考的内容。此外，关于思考的真实经验并不完全都与大脑的状态相符合。难道莱布尼兹并未抓住该观点的关键之处？他的思想实验是否只是证明思考、感觉和认知是不可察觉的过程，即不能经由第三人称视角观察到？（它们又是怎么被从第一人称视角察觉到的呢？）

对莱布尼兹思想实验的一种批评是声称它假定了全部仅仅就是部分之和。大卫·科尔（David Cole）在《思想与思想实验》（Thought and Thought Experiments）一文中设计了一个对立的思想实验来阐释其中之谬误："想象一滴水珠在尺寸上不断扩展，直到每个分子都和工厂里的砂轮一般大小。如果你步入这已如工厂般大小的水珠里，你或许会看到令人惊奇的事物，但却看不到任何湿的东西。但这绝不表明水不是单纯由H_2O分子构成的。"换句话说，水不需要由除了H_2O分子之外的东西的构成来说明它湿润的原因，正如莱布尼兹的机器，大脑也不需要由除了神经元之外的东西的构成来说明它能够思考、感觉和知觉的原因。（真的吗？）

图灵的模仿游戏

模仿游戏由三个人来玩，一个男人（A），一个女人（B），还有一个不限定性别的询问者（C）。询问者处在一个与其他两人相隔离的房间里。询问者在游戏中的目的就是要判断出另外两人的性别……询问者被允许向A、B两人提问……

为了确保询问者不借助于声音腔调的帮助，我们要求答案必须是手写的，或最好用打字机打出来。理想的游戏环境是两个房间的人通过一台电传打字机来进行交流……

我们现在提出这个问题："当游戏中A的角色被一台机器扮演时，会发生什么？"当游戏这样进行时（在一台机器和一个人之间），询问者是否会像平常那样——当游戏在一个男人和一个女人之间进行时——判断错误。这些问题颠覆了我们原先的观念，"机器能够思考吗？"

出处：A. M. 图灵，《计算机器与智能》。

> A. M. Turing. "Computing Machinery and Intelligence." *Mind*,
> 59.236（1950）：433-460，433-434.

"那位询问者能够区分出谁是人类、谁是机器吗？"这是一个经验性问题——在每年举办的图灵测试竞赛上都有一个人机作答测试环节，参赛者会让他们的计算机程序与人类参赛者一道竞争[1]。显然，询问者不能有效区分：即使是经过专家小组的精确判断，计算机仍可能被错当成人类（而有趣的是，人类有时也会被误认为是计算机）。那要问什么问题才能确定谁是人类、谁是计算机呢？

而且能否由此确定机器可以思考？我们是怎样定义"思考"的？（同样，我们又是怎么定义"机器"的？）图灵设定的门槛是否过低？也就是说，是否有什么东西能够通过他的测试但仍然不会思考呢？（参见《塞尔的中文之屋》）难不成从外部行为推断内部

1　"勒布纳人工智能奖"，由美国科学家休·勒布纳按照图灵的设想于20世纪90年代设立。——译者注

程序本身就是个错误？又或者图灵把门槛设得太高？（我们怎么看待那些未能通过测试的人类呢？）

"与其去创造模仿成人心智的程序，"图灵建议，"为什么不去创造能够模仿儿童心智的程序呢？"（456）——也许我们应该试着让机器编程，不是为了思考，而是让它能够学习。（这就是我们寻求的有关"思考"的定义吗？）

另一个问题又出来了：这又怎么样呢？我们是在把思考的能力确立为人格标准（参见《沃伦的空间旅行者》），以及由此衍生的某些权利与责任吗？（哪一些？）这是一个令人满意的适用标准吗？一个必要的标准（即你必须能这样想，以保证那些权利和责任是理所应当的）？还是一个充分的标准呢（即能够思考就是你必须能够做到的一切）？

柯克和斯夸尔斯的僵尸

想象一个有关某人肉体的完全复制品——我们可以方便地称之为"僵尸复制人"。这样一个纯粹肉体的复制品，会是那个人确切的复本吗？

出处：罗伯特·柯克和 J.E.R. 斯夸尔斯，《僵尸与唯物主义者》。

Robert Kirk and J. E. R. Squires. "Zombies v. Materialists." *Aristotelian Society*, supplementary vol. 48（1974）：135-163. 这是对该书第 135 页至第 141 页内容的整合陈述。Reprinted by courtesy of the Editor of the Aristotelian Society：© 1974.

哲学家使用僵尸这个概念[1]，或许最早可追溯至柯克和斯夸尔斯，其用来研究唯物主义将人类仅仅视为物质实体的观点。（参见《莱布尼兹的机器》）唯物主义者会说："没错，僵尸就是确切的复制品。"（这样的话，我们就不能区分谁是僵尸、谁不是僵尸了。或更正确地讲——这样的话，我们就都是僵尸了。）

二元论者会说："不！即使是一个确切的肉体复制品，僵尸也缺失了某些东西。"灵魂？心灵？（那么只是具有大脑——颅骨里的物质成分还是不够的了？假如意识——对那些认为我们必须具有心灵的人来说——仅仅是特定的物质成分又会怎样呢？那么僵尸就会是有意识的了……）

内格尔的蝙蝠

假设我们都相信蝙蝠具有经验。毕竟，它们是哺乳动物，也不存在更多的质疑关于它们比老鼠、鸽子、鲸鱼更有经验……

……现在我们知道，大多数蝙蝠（精确些，小蝙蝠亚目）基本是通过"声呐"（或者说回声定位）来感知外部世界，即通过发出微妙控制的高频率尖叫声，察觉范围内的物体产生的反射。它们的大脑被设计成可以将外向的脉冲与随后的回声联系起来，由此获得的信息能使蝙蝠对距离、大小、形状、动向以及质地进行精准辨识，与我们对视觉的运用相类似……

……但是我想知道，作为一只蝙蝠，其本身对蝙蝠来说究竟

---

1 请注意"僵尸"这个概念在哲学上使用时，所指对象在外部形象、行为举止方面与常人无异。——译者注

是什么样的。

出处：托马斯·内格尔，《作为一只蝙蝠是什么样子的？》。

Thomas Nagel. "What Is It Like to Be a Bat?" *Philosophical Review*, 83.4（1974）：435-450，438，439.

我们能否确知作为一只蝙蝠是什么样子的？内格尔的回答是：我们不能确定也不能知道作为一只蝙蝠对蝙蝠来说究竟意味着什么，"尽管蝙蝠的声呐系统显然是一种感知形式，但它与我们所拥有的任何感官在运作上都不相同；况且也没有理由去假定其在主观上与我们所能经历或想象到的任何事物相类似。这似乎就为以下念头制造了麻烦，即作为一只蝙蝠是什么样子的。"（438）我们或许能够确定作为一只蝙蝠对我们来说会是怎么样的，但仍不知道作为一只蝙蝠对蝙蝠来说究竟意味着什么。"即使我能一步一步地变成一只蝙蝠，"内格尔谈道，"我现在身上也没有任何东西能使我想象得出经过这种变化后的未来的我所将拥有的体验。"（439）事实上，内格尔认为，这种情形不仅非常适用于我们可能遇到的任何外星生命，就算对于其他人类来说都是成立的——我们甚至都不能确定作为他者对他人来说是什么样的（除非他或她与我们充分相似）。

内格尔是在进行身心关系的探究，他认为正是由于拥有意识才使这项研究极为艰难："事实上，一个有机体不论以何种形式存在，只要其拥有意识的经验，则从根本上说，就存在作为该有机体所是为何的某种东西"（436）——内格尔称其为经验的主观特征。"是什么样子"只能从一个视角被观照，即主体本身的视角（参见《洛克的颠倒光谱》）。因此，由于主观经验不能被主体之外的任何一者所触及，那么凭借可观察的物理行为（身体）对心理状态（心智）进行推断就大为可疑。接着就有人会疑惑，既然我们不能知道他人经验的本质，那么我们是否至少能知道他们拥有着自己的经验？我们是否至少能知道存在着"他人"，即存在着其他的心灵呢？

内格尔是对的吗？我们从来都不能想象完全外在于/超越于我们自己经验的事物吗？（我们能够向某人描述一块他从未尝过的巧克力的味道吗？）

布洛克的中国之脑

想象一具身体，从外表看就像是人类的身体——和你的差不多，但里面却大不相同。感觉器官的神经元与头颅中的一排灯相连接，一组按钮连接着电动机驱动的神经元。而颅腔内则居住着一群小人，他们各自有着非常简单的任务：在一个以描述你为目的、相当完备的工作台上分片工作。有一面墙上挂着一块张贴着状态卡的公告板，所谓状态卡，就是标示着工作台上许多具体状态的卡片。这些小人的工作如下所示：

假定张贴着的卡片显示的是"G"，这就是在提醒G区域工作的小人——他们称自己为"G区人"。再假定那盏灯——代表输入I_{17}——正在亮着。那么，一个"G区人"的任务就是如此简单：当卡片显示G而且I_{17}的灯亮着时，他要按下输出按钮O_{191}，使状态卡转变成"M"。而且这个"G区人"只有在极少数的情况下才被召唤去执行任务。尽管每个小人所需的智力水平较低，但整个系统却能对你进行成功的模拟。因为小人们通过训练而得以实现的功能性组织正是你的……

……假定我们将中国政府转变为功能主义的，而且可以肯定其官方会因为在一小时内使人类心智成为现实而极大地提高国际地位。我们为中国的数亿人民每人提供一个特殊设计的双向对讲机（我选择中国是因为它有庞大的居民人口数量）。[1]这些对讲机以一种适当的方式连接着每个人，还有前面例子提到过的人造身体。我们将那些小人替换为对讲机信号的收发者，并与输入输出的神经元相连接。我们放弃公告板，而是将那些字母显示在一连串的人造卫星上，使其在中国的任何地方都能被看到。当然，这样一个系统并非是完全不可能的。它能短时间内——就按一小时计吧——在功能方面与你完全相当。

这样的系统自己拥有精神状态吗？

出处：内德·布洛克，《功能主义的问题》。

Ned Block. "Troubles with Functionalism." In Perception and Cognition: Issues in the Foundations of Psychology, Minnesota Studies in the Philosophies of Science, Vol. IX, edited by C.W.Savage（University of Minnesota Press, 1978）: pp.278-280.

那些声称精神状态能够被功能或组织的非精神状态所解释的人，会认为这个中国之脑确实具有精神状态；既然它与你在功能上相等，那么自然会拥有你所具有的精神状态。然而布洛克却不同意：这个中国之脑不会具有精神状态，因为它在神经上和心理上与你并不相同（当然你是拥有精神状态的）。那么，精神状态（心智）是要依赖于神经科学（大脑）吗？这里的"依赖"究竟是指什么？

1　布洛克于20世纪70年代末发表此论文。——译者注

也许你会在直觉上赞同布洛克，因为实在很难想象这样的中国之脑是有意识的。不过，想象大脑是有意识的，其实一样困难。

也许中国之脑确实具有精神状态——它们只是和我们的不一样罢了。但是，我们又怎么知道呢？

况且，到底要达到什么样的结论才能使非定性的精神状态（比如思想、欲望和意向）和定性的精神状态（比如对疼痛的感受和对红色的感知）都是一样的真呢？换句话说，是否不同种类的精神状态与物理/物质状态或功能/组织状态也有着不同的关系？

罗蒂的对拓人

（假设）在我们星系遥远的另一侧有一颗行星，上面居住着像我们一样的生物——无毛的两足动物。他们会建房造物、研制炸弹，也会创作诗歌、编写计算机程序。这些生物并不知道自己具有心灵。他们有着这样的观念："想要""打算""相信"和"感到恐惧或惊奇"。但是，他们并不认为上述所指的精神状态——一种独特而不寻常的状态——与像"坐下""感冒""兴奋"之类的有什么两样……他们不使用"心灵""意识""精神"之类的概念来阐释人与非人的区别……

该种族在语言、生活、科技和哲学的绝大多数方面与我们极为相像。不过，仍有一个重要的区别。神经病学和生物化学是通过技术突破而成为头等学科的，这些人在交谈中的大部分时候都会涉及自己的神经状态。当他们的婴儿转向热的火炉时，母亲们会尖叫："他会刺激到自己的C纤维！"……他们的生理学知识可以使任何人费心造出的合乎文法的长句，与一个易辨识的神经状态轻易联结。

关于对拓人的精神现象，我们能说些什么呢？

出处：理查德·罗蒂，《哲学与自然之镜》。

Richard Rorty. *Philosophy and the Mirror of Nature*. Princeton，NJ：
Princeton University Press，1979：70-71.

罗蒂希望用他的对拓人表明——即使没有对"心智"的概念化，我们也能过得相当好；我们有关"精神"和"物质"的概念，是对17世纪思想遗产的错误继承。对神经状态的参照足以替代我们所有关于精神状态的交谈。这并非是要否认像"疼痛"之类的东西的存在：当对拓人叫道"刺激到C纤维了！"其所表达的，和我们喊"疼死了！"所要表达的东西是一样的。这也不是要否认"疼痛"带来的"伤害"——和我们逃避疼痛一样，对拓人也会避免刺激到C纤维。

然而有人也许会问，神经状态是否不仅可以替代像疼痛之类的精神状态，也可以替代诸如思想、信仰、意向、欲望之类的精神状态呢？罗蒂似乎认为这是可以的，考虑到他关于对拓人如下的描述（71—72）：

有时他们会说这样的话："它看起来像一头大象，但接着我就反应过来——大象不生活在这片大陆上，所以我意识到那一定是头乳齿象。"但是，在同样的环境下他们有时也会这样说："我有着G-412和F-11，但接着我就有了S-147，所以我意识到那一定是头乳齿象。"

生理学的知识能使我们想造的每一个句子都和一个神经状态相联系吗？

塞尔的中文之屋

设想一门你不懂的语言。就我而言，我对中文一窍不通；中文符号对我来说就像是一些毫无意义、歪歪扭扭的线条。那么假设我正处在一个放有若干篮子的屋子里，篮子里装满了中文符号。再假设给我一本用英文写的规则手册，它告诉我如何将这些中文符号进行匹配。这些规则完全是根据它们的形状来辨别符号，并不需要我认识其中的任何一个。规则中可能含有这一类的话语："从一号篮子中取出符号'甲'，再把它放在从二号篮子中取出的符号'乙'旁边。"

想象一下，屋外站着懂汉语的人，他递进来几小串中文符号；而作为回复，我则根据规则手册操作着符号，递出去更多串的中文符号。现在，规则手册就是"计算机程序"，写它的人就是"程序员"，而我则是"计算机"；那些塞满符号的篮子是"数据库"，递给我的几小串符号是"问题"，而我递出去的则是"答案"。

假设那本规则手册以某种特别的方式书写而成，使得我操作的那些"问题"和"答案"与一个以中文为母语的人完全没有区别。举例而言，外面的人可能递进来一些我不认得的符号，其意思是："你最喜欢的颜色是什么？"而我则会在搜查完规则后，递出一些我还是认不得的符号，意为："我最喜爱的颜色是蓝色，但是我也很喜欢绿色。"我能够通过针对中文理解的图灵测试[1]。尽管如此，我还是对中文一点儿都不懂。而且我根本没法学习任何一个符号的意义，在所描述的系统中，我也没有任何办法着手去理解中文。就像一台计算机，我操作着符号，却无法为符号附上任何意义。

这还没有驳倒有关计算机能思考的观点吗？

1　又称图灵判断，参见《图灵的模仿游戏》。——译者注

出处：约翰·R.塞尔，《人脑的心智是计算机程序吗？》。

John R. Searle. "Is the Brain's Mind a Computer Program?" *Scientific American*，262（1990）：26-31. First presented in "Minds, Brains, and Programs." *Behavioral and Brain Sciences*，3（1980）：417-424. Reproduced with permission. Copyright © 1990 Scientific American，a division of Nature America，Inc. All rights reserved.

作为计算机的类比物，塞尔的中文之屋意图驳斥认为计算机可以思考的观点。"如果不懂中文的我仅仅是通过操作一个计算机程序'理解'了中文，"塞尔说道，"那也不会比完全以此为基础的数字计算机懂得更多。"（26）更重要的一点是，"程序只是操纵着符号，而大脑则将意义赋予它们"（26）。（参见《图灵的模仿游戏》）

对塞尔实验的一个反驳认为，如果那人完全不懂中文，就不可能给出如此正确的回复。没有程序、没有一套规则，是不可能让他做到这样的（参见《奎因的Gavagai》）。但是，计算机所做的也就不过如此（针对输入的问题给出正确的回复）——不是吗？

另一个反驳是尽管屋中之人不懂得中文，整个屋子却懂得；那个人就像大脑中一个单独的神经元，其自身虽不能理解却为整个系统的理解力作出了贡献。不过塞尔认为，这怎么可能呢？不论是屋中人还是屋子本身，只有混杂交错的符号并不能使其得悉符号的意义。

虽然如此，仍会有人想知道，那个屋中之人最终是否会懂得中文？（但是怎么懂的呢？通过对所接收到的问题和收集到的答案之间的关联给予关注？所谓"关注"是要做什么？需要什么？）同样，一个计算机程序或许能发展出理解力，也许最终会明白它使用的程序与符号的意义。但是这怎么实现呢？那台计算机自身对这一切是自足的吗？若不是的话，它还需要别的什么呢？某个特定的尺寸？运行速度？还是复杂程度？或是一个附加的元程序？某一特定的"生物"或"有机"成分？（一个具备心智的大脑？）

普特南的缸中之脑

想象一个人（你可以将他设想为自己）被一个邪恶的科学家施予了一次手术。此人的大脑（就像你的一样）被他从身体上分离，放置在一个盛满营养液的缸中以保证存活。大脑的神经末梢与一台超级科学计算机相连接，它能使此人的大脑产生一切如常的幻觉，比如人群、物体、天空……但实际上，此人（你）所有的体验不过是从计算机传递到神经末梢的电子脉冲所产生的效果。这台计算机如此聪明以至于若此人试着举起手，计算机的反馈就会使他"看到"并"感到"自己的手在举起。此外，通过改变程序，邪恶的科学家能够使受害者"体验"（或者说幻觉到）这个邪恶的家伙想要的任何情景或环境。他还可以抹掉大脑曾动过手术的记忆，使受害者认为自己一直处于这样的环境中。受害者甚至会以为自己正在坐着阅读一个有趣却相当荒谬的假设：有一个邪恶的科学家，他可以把人们的大脑从身体上分离，放在一个盛满营养液的缸中使它存活。

我们会是缸中之脑吗？

出处：希拉里·普特南，《理性、真理与历史》。

Hilary Putnam. *Reason*，*Truth*，*and History*. Cambridge，UK：Cambridge University Press，1981：5-6.

尽管成为缸中之脑的可能性往往用于表达认识论上的观点（参

见《笛卡儿的邪恶魔鬼》），普特南则用它来探讨心智与外在世界的关系。尽管缸中之脑具有意识和智力，但它所使用的语言却不能指称我们语言所指称的实物；缸中之脑的语言只能指称该器皿装置所产生的形象，而非我们所称之为的真实的外在对象——比如树木。不过，器皿装置产生的形象与真实的树木如此相似，甚至等同——我们怎能说缸中之脑没有指称真实的树木呢？普特南回应道，设想一只蚂蚁爬过时所留下的足迹居然像是一幅温斯顿·丘吉尔的完美肖像：我们当然不会说这只蚂蚁画了一幅温斯顿·丘吉尔的肖像——相似性不足以说明某事物可以表征另一者。

"所以，"普特南继续道，"如果我们真的是缸中之脑，那么这句话'我们是缸中之脑'所表达的东西就是虚假的（如果它有表达什么）"（15）——因为此种语言不能指称真实的事物。关于我们是缸中之脑的假定就因此而被自己推翻了（一个人的真话暗示了其本身的虚假。参见《说谎者悖论》）："简而言之，如果我们是缸中之脑，那么'我们是缸中之脑'就是假的"（15）。（所以我们也就不可能是缸中之脑。）

普特南更关心的是指称的先决条件，由此得到："如果一个人和某些事物或能描述这些事物的东西完全没有因果联系，他就不能指称这类事物（比如树）。"（16—17）但是，我们不能指称独角兽吗？当然可以，然而我们只会和马或者两只角的公羊具有因果联系。好吧，那么无论缸中之脑发生什么——那反反复复关于神经信号的体验——都不算做"因果联系"了？（这样的话，或许我们又是缸中之脑了……）

天才的颜色科学家玛丽（杰克逊）

　　玛丽是一位天才科学家，不知出于什么原因，她被要求在一间黑白色的房间里通过一台黑白色的电视监控器来研究这个世界。她尤其擅长神经心理学中视觉获得的相关领域。我们假定，当我们看到成熟的西红柿或是天空时所获得的一切物理信息，都用像"红色""蓝色"等术语来表示。举例而言，她发现了来自天空的波长组合会刺激到视网膜，以及这种刺激究竟是怎样通过中枢神经系统产生出声韧带的收缩和肺部气体的排出的，而这一切才使我们得以声称"天空是蓝色的"。

　　若是玛丽从黑白色的房间中解放出来，或是得到一台彩色的电视监控器，会发生什么呢？她是否还会认识到什么呢？

出处：弗兰克·杰克逊，《副现象的感受特性》。

　　Frank Jackson. "Epiphenomenal Qualia." *Philosophical Quarterly*, 32（1982）：127-136, 130.

　　杰克逊接着认为，玛丽会有新的认识——这意味着，她先前的知识是不完整的，即她"缺失了什么"。而且既然她先前的知识都由物理信息构成，这就意味着物理主义——认为所有的心理体验都能被物理材料或过程所解释——应被视作不完整的而予以拒斥。杰克逊声称："特别是身体感觉和知觉体验的某些特征，怎么都不会被纯粹的物理信息所涵盖。"（127）

　　在一个类似的思想实验中，杰克逊设定了一个叫弗雷德的人，他能看到一种我们看不到的颜色（并非是我们所见颜色的一种色调或色相，而是一种全新的颜色）。杰克逊论证道，即使我们可以知道关于弗雷德的所有物理信息（比如我们能完全掌握他那独特的视觉系统，以及他身体的其他一切部分的详情），但我们仍旧不知道

那种颜色是什么，看起来像什么。（参见《莫利纽克斯的盲人》和《内格尔的蝙蝠》）

不过玛丽确实拥有视力，她也的确能看到黑色和白色。她能据此及所有其他信息，推断出对红色、蓝色之类颜色的认识吗？有人也许会这样想，但是别忘了，我们关于红色、蓝色之类颜色的认识不足以使我们得知弗雷德所看到的颜色。况且，如果玛丽真的已获得"当我们看到成熟的西红柿或是天空时所获得的一切物理信息"，那还有什么可知道的呢？（她可能知道的究竟是什么？存在不同种类的知识吗？）

或许玛丽确实能看见红色，但当她看到红色时的体验却不同于我们看到红色时的体验……（参见《洛克的颠倒光谱》）

塞尔的大脑替换

想象一下，你的整个大脑被一块硅芯片所替换（如同它正在逐渐退化一样）。这样一种情况下就会产生很多种可能。一种逻辑上的可能是，你依然有着先前具有的各种思想、经验和记忆等，你那一连串的精神生活仍不会受到影响。既然这样，我们就料想那块硅芯片不仅能复制你输入输出的功能，还能复制使你具有输入输出功能的精神现象、意识之类的事物。

……第二种可能是，随着硅芯片逐渐植入你慢慢缩小的大脑中，你会发现你的意识体验区域正在收缩，但并没显露出对你外在行为有什么影响。最为让你震惊的是，你发现自己正在失去对外在行为的掌控。比如当医生在检测你的视力时，你听见他们说："我们在你面前举着一个红色的物体，请告诉我们，你看见了什么。"

你想大声呼喊："我什么都看不见！我完全瞎了！"但你听见自己的声音在以一种完全不受你控制的方式回答道："我看见前面有一个红色的物体。"如果我们把这个思想实验推至极限，我们会得到一个比上次更让人沮丧的答案。尽管你的外在行为看不出什么变化，但我们认为你的意识体验会慢慢缩减为零。

……现在再考虑第三种可能。在这种情况下，我们设想那个逐渐进行的硅芯片移植过程并没对你的精神生活产生影响，但你会发现自己越来越难以将那些思想、感觉和意向付诸行动。如果是这样的话，我们猜想你的思想、感觉、经验和记忆等依然完好无损，但你的外在行为举止则逐渐趋于瘫痪。你可能会听到医生这么说："硅芯片能很好地维持心跳、呼吸和其他的生命过程，不过病人显然已经脑死亡了。我们最好还是把系统电源关掉吧！"你当然知道他们完全是搞错了。你想冲着他们大叫："别！我还是有意识的！我能感知到我周围发生的一切。只是我不能让身体移动。我只是完全瘫痪了！"

出处：约翰·塞尔，《意识的再发现》。

John Searle. *The Rediscovery of the Mind*, pp. 66-68, © Massachusetts Institute of Technolgy, by permission of MIT Press.

塞尔通过这一再延伸的思想实验来探索意识、行为和大脑之间可能的因果关系。他希望以此表明，"大脑产生意识的能力，在概念上截然不同于其引发运动行为的能力。一个系统可以有意识而无行为，或有行为却没意识"（69）。

不过我们真的能想象第二种可能吗？大脑怎么会知道要做什么动作？我们能不参照任何精神活动就给出问题的答案吗？我们可以通过某种行为，比如反射运动，来设想它。但我们能用塞尔描绘的视力测试想象它吗？如果不能，我们的失败仅仅是想象力的失败吗——这样的话，塞尔的观点或许依旧有效？

在一个相关而有趣的思想实验里［《缺失的感受性、消退的感受性、跳跃的感受性》（"Absent Qualia, Fading Qualia, Dancing Qualia"）］，大卫·查默斯（David Chalmers）论证了第二种可能性事实上是不可能的。他问道，"如果我们用硅芯片逐渐替换一个人的神经元，那么此人的意识是慢慢消退呢（如塞尔认为的那样），还是突然一眨眼就消失了呢？"后者意味着意识依赖于一个单独的神经元（当它被替换掉时，就可以说是"熄灯了"）——而这是不可能的。然而，前者同样也是不可能的，因为如果你能继续报告相关的红色物体（如塞尔声称的那样），这就意味着你与你的意识体验失去了联系——这同样不大靠谱。因此，查默斯推断，即使在替换过程中，感受性（有意识的感觉体验之特性或感受）依然保持不变。而且只要功能性组织保持不变（不论其物理成分实际上是什么），意识就会保持不变。（参见《布洛克的中国之脑》）

PERSONAL IDENTITY

人格同一性

霍布斯的忒修斯之船

假如，忒修斯的那艘船被持续地修复翻新——把旧的木板取出，然后装上新的；并且假设有人将取出的旧木板全都保存起来，再按原来的顺序把它们拼好，用它们又造了艘船。究竟哪艘才是原来的忒修斯之船呢？

出处：托马斯·霍布斯，《论物体》。

> Thomas Hobbes. *De Corpore*, Part 2, Chapter 11, "Of Identity and Difference." 1655. As reprinted in Thomas Hobbes. *Body*, *Man*, *and Citizen*, Richard S. Peters, ed. New York: Collier Books, 1962: 128.

忒修斯之船，和它那被不断更换的木板，最早可追溯至公元75年的普鲁塔克[1]。从那时起，它就一直是关于同一性问题讨论的焦点。霍布斯添加了用旧木板组成一艘新船的可能，进而提出了这个普遍的疑问："究竟什么是相同的？"或者正相反，"到底什么是不同的？"他给出了三个可能的答案。首先，一个人可以通过事物的质料来确定其同一性（也就是说，人可以就某样东西本身对它进行辨识），不论一块蜡是球体还是立方体，它都是同一块蜡；所以同理，用旧木板重建的船才是原本的忒修斯之船。（假如那些木板被用来建造一座房屋，这房屋会是那艘船吗？）然而，按照这种观点，因为人的身体（质料）随着时间变化，那么一个为他原先犯下的罪过而接受惩罚的人和先前的罪犯实际上就不是同一个人——这就暗示我们冤枉了他。（参见《帕菲特的诺贝尔奖获得者》。这是否和人身体变化的速度有关？是如何连续进行的？又是

1　普鲁塔克（Plutarch），古希腊哲学家、传记作家。——译者注

怎样完全转变的？）

其次，一个人可以通过某事物的形式来确定其同一性，即使一个人的身体会改变，他也仍是在空间中占据单一位置的单一形体。根据这种观点，霍布斯所描述的修葺过的船就是原本的忒修斯之船——但这同样适用于那艘重建的船。霍布斯认为这是荒谬的——某一确定的事物不可能在同一时间处于两个不同的地方。（假如忒修斯之船在旧木板被取走后并未得到修理，而是在重建之前的某个时间里就腐朽了，那么这段时间，忒修斯之船又在哪儿呢？）

再次，一个人可以通过某事物所有性质或属性（大小、运动、力量等）的集合来确定其同一性。可是照这么说，没有任何东西能和曾经的自己保持同一了——不仅船不是原来的船，就连坐下的人一旦站起来就会变成另一个人了。

那么究竟什么是相同的，什么又是不同的？我们怎样来确定同一性？霍布斯告诫我们应对自己正在探询的东西格外小心："问苏格拉底是否是同一个人和问苏格拉底是否有同一个形体，这是两个不同的问题。"（128）因此，霍布斯论断道："一艘船所指示的就是这样的质料，只要质料保持不变，它就保持同一；但若质料的任何部分都发生了改变，那么它在数值上就是另一艘船；而且如果质料部分改变、部分不变，那么这艘船也会是部分同一、部分不同。"（129）进一步讲，"一个人，只要他的行为和思想是从同一个运动的起点开始，也就是从他出生之时开始，那他就会是始终同一的。"（129）不过，不正是身体，变化着的身体，才提供了所谓"同一的运动起点"吗？

洛克的王子与鞋匠

倘若一位王子的灵魂，携带着曾经作为王子生活的意识进入到一个鞋匠的身体里——鞋匠自己的灵魂早已将此身体抛弃。每个人都会因为鞋匠有着和王子一样的行为举止，而认为他和王子有着一样的人格，但是谁又会说这就是同一个人呢？

出处：约翰·洛克，《人类理解论》。

John Locke. *An Essay Concerning Human Understanding*. Book 2, Chapter 27, Section 15. 1690. As collated and annotated by Alexander Campbell Fraser. New York：Dover，1959，Volume 1：457.

通过该思想实验，洛克认为"人格"是独立于"形体"的，而使一个人成为人，成为同一个人的，是意识——对自己思想和行为的察觉，"除了意识之外没有什么能将相互远离的存在整合进同一个人格之中"。（464）由于曾遇到一位称自己的灵魂上辈子属于苏格拉底的人，洛克问道："如果此人前世真的是苏格拉底，为什么他不记得任何关于苏格拉底的想法或言行？"（参见《莱布尼兹的中国君主》和《里德的勇敢军官》）洛克甚至说过，如果你的小指被切掉，那你的意识也会随之一起，独留余下的身体；而你的小指会拥有人格——就是刚才通过整个身体而辨识出的同一人格（459—460）。

洛克还认为，在经过灵魂变更后，如今的"王子鞋匠"（有着鞋匠的身体）"对于除了他自己以外的所有人来说，他还是那个鞋匠"（457）。这位"王子鞋匠"怎么会知道自己仍然是王子？我们又怎么知道，在度过一段无意识时期后每天早晨醒来的我们还是原来的自己？是因为我们记得自己昨天做过什么吗？但我们也记得其他人昨天做了什么。是因为我们记得自己昨天的想法与感受？我们关于自我的记忆是否有什么特别的地方？自我意识又有什么特别之处呢？

里德的勇敢军官

假设一位勇敢的军官，曾经因为偷摘果子而在学校遭鞭打，随后在他参加的第一次战役中就缴获了敌人的军旗，而且后来他还成了将军。再假设这完全是有可能的，即当他夺军旗的时候，他仍记得曾经在学校被鞭打；而当他成为将军的时候，他虽仍记得他曾缴获过军旗一事，但完全忘记了他被鞭打的情景。

这位将军和那个偷摘果子的小孩是同一个人吗？

出处：托马斯·里德，《论人的理智能力》。

Thomas Reid. *Essays on the Intellectual Powers of Man*. 1785. As edited by A. D. Woozley. London：Macmillan，1941：213.

该思想实验意图指出洛克关于人格同一性的理论中的缺陷，后者认为人格同一性依赖于我们的意识或有关我们思想与行为的记忆；意识或记忆能绵延多远，人格同一性就会保持多久。如果是这样的话，里德声称，那么那位军官就和那个孩子是同一个人，而那个将军又和那个军官是同一个人，但是将军和那个小孩却不是同一个人。然而逻辑则表明将军和小孩是同一个人（如果A=B，并且B=C，那么A=C）。因此，里德选择接受逻辑，从而拒绝了洛克的观点。不过，在该事例中逻辑是否适当呢？"="是否就意味着"是同一个人"呢？

里德认为，由A到B至C的演替对于同一性的确认是充分的："我的思想、言行和感情每时每刻都在变化——其并不连续但却相继存在；然而那个属于我的自我是永恒的，且与我所有连接的思想、言行及感情有着一样的关系。"（203。另参见《帕菲特的传送门》）也许，部分问题出在我们草率的言谈方式上——我们真正要表达的意思，是那个军官和那个小孩是同一个人，还是那个军官是那个小孩将来要成为的人？

里德进一步指出洛克观点中的问题：它混淆了意识和记忆（它们是相同的吗？），也混淆了人格同一性和人格同一性的证据（你能抛开其中一者而谈另外一者吗？）。根据里德的说法，记忆只是"我是我所是"的证据，却没有造就"所是的我"（记得你做过某事并没使你当初要去做它）。

里德不仅指出了我们不断变化着的意识，还进一步批判洛克的观点："说一个人的同一性或身份存在于一个不断变化且每两分钟就不同的东西里，这说法不奇怪吗？"（214）

最终，里德认为如果我们的人格同一性存在于意识之内，那么"若我们的意识有时在酣睡中停止存在，我们的人格同一性也就必须随之暂停。洛克先生不允许同一个事物拥有两个存在之源。因此，每当我们停止思考时我们的同一性就不可挽回地失去了——如果它前一瞬间曾存在过的话。"（216）里德暗示，这实在荒谬至极。

如果既不是意识也非记忆，那是什么让明天的你——或十年后的你——与今天的你是同一个人呢？（难道每次当你醒来时你就变成另一个人了吗？而你真的会为此担忧吗？）

莱布尼兹的中国君主

我们假定某个人突然成了中国的君主，但只有一点——他忘了自己曾经是谁，仿佛自己刚出生一般。假如某人不得不消失而一位中国的君主于同一时刻同一地点诞生，这难道不可以在实践上，或在可被证实的效果方面与上述情况相等同吗？

出处：戈特弗里德·威廉·冯·莱布尼兹，《形而上学论》。

Gottfried Wilhelm von Leibniz. *Discourse on Metaphysics*, Section 34. 1846. R. Niall, D. Martin, and Stuart Brown, trans. Manchester, UK：Manchester University Press，1988：80.

莱布尼兹与洛克一样（参见《洛克的王子与鞋匠》），认为使我们"是其所是"的正是我们的记忆——他所描述的个体若真丧失了自己的记忆，那就和人间蒸发没有什么区别。我们的记忆为同一性到底提供了些什么——独特性？丰富性？还是连续性？在这一点上，哪种记忆最重要——事实？技能？经验？

另外，究竟需要多少记忆才能保持一个人的身份认同呢？如果是要求我们意识到或记得所有的思想与行为，那就没有任何人和曾经的自己是同一个人了。（参见《帕菲特的传送门》）是否一个人对自己的生活记得多一些就更加是自己呢？对于那些因经历过创伤或疾病而导致记忆"被剥夺"的人们，这究竟有何含义？那些有关过去经历的错误记忆又该如何？而那正在衰退的记忆，难道意味着一个衰退的自我吗？对于我们所有人来说，仅是随着时间的流逝就会丧失了记忆最初的清晰乃至最终丧失了记忆本身，这又意味着什么？

最后一点，对于我们的同一性来说，记忆是唯一需要考虑的因素吗？

查尔斯、盖伊·福克斯与罗伯特（威廉姆斯）

让我们假定一个叫查尔斯的人经历了一场彻底的角色变化，即当他醒来时，声称自己记得一些曾经并不记得的确定事件和做过的行为；而且在进一步询问下，他反而不记得一些早前确实记得的其他的确定事件和做过的行为。

假定他声称的所有明确的事件及做过的一切举动，都无异议地指向一位前人的生活经历，比如盖伊·福克斯[1]。不仅查尔斯的记忆内容大部分都能被历史学家核实确实与福克斯的生活经历相吻合，就连那些不能被查证的也都合情合理，为许多无法解释的事件提供了解答。我们会声称现在的查尔斯是盖伊·福克斯，盖伊·福克斯借助查尔斯的身体还魂了，或者其他类似说法吗？

出处：伯纳德·威廉姆斯，《人格同一性与个体化》。

Bernard Williams. "Personal Identity and Individuation." *Proceedings of the Aristotelian Society*, 57（1957）: 229-252, 233, 237-238. Reprinted by courtesy of the Editor of the Aristotelian Society: © 1957.

威廉姆斯的回答是否定的，并由此对洛克等人（参见《洛克的王子与鞋匠》）予以驳斥：身体的同一性是人格同一性的必要条件（尽管不是充分的）。威廉姆斯的一个观点是，尽管两个不同的人记得自己曾是做过某些事情的同一个人在逻辑上是不可能的，但两个不同的人都声称记得自己曾是同一个人在逻辑上却是可能的——而事实上我们也不可能从这些说法中获取更多的收获。

---

1 盖伊·福克斯（Guy Fawkes），16世纪天主教秘密组织成员，曾意图刺杀詹姆士一世并炸毁上议院，事情败露后被处死。——译者注

（我们又怎么可能确定查尔斯和盖伊·福克斯实际上有着同样的第一人称记忆呢？不过，我们能或不能确定什么就代表其实际上能或不能吗？）

此外，威廉姆斯宣称："如果查尔斯经历过所描述的那种变化在逻辑上是可能的，那么另外一个人同时经历一样的变化在逻辑上也是可能的，比如，查尔斯和他的弟弟罗伯特就处于此种情况下。假如这样的话我们又会说些什么？他们不可能同时都是盖伊·福克斯，否则，盖伊·福克斯就会同时在两个不同地方出现，而这是荒谬的。"（238）因此，威廉姆斯建议在这种情况下我们最好说查尔斯和罗伯特都曾经变得像盖伊·福克斯一样——倘若这是对第二种情况下有两个人时（查尔斯和罗伯特）的最好说明，那为什么不能是第一种情况下只有一人（查尔斯）的最好说明呢？

然而，还有一个问题涉及用身体作为身份认同的判定标准，特别是如果有人声称这是一个充分的标准（威廉姆斯本人并未说过），那我们的身体就会比"我们"自己持续存在得更久了。（这到底怎么会是一个问题呢？）

休梅克的布朗逊

让我们想象以下的情景：一天，一位外科医生发现他的助手犯了一个可怕的错误。两个病人，布朗先生和罗宾逊先生都因患有脑瘤而动了手术，并且两人的大脑都被取了出来。不过在手术的最后阶段，某位助手不经意间将布朗先生的大脑放进了罗宾逊的头颅中，而罗宾逊先生的大脑则被放进了布朗的头颅里。其中一位立即死亡，而另一个，有着罗宾逊的身体和布朗的大脑的那个人，最终恢复了意识。就让我们称他为"布朗逊"吧。一恢复意识，布朗逊就对自己的身体外貌感到极为震惊。随之又看到了布朗的身体，他难以置信地大叫着："躺在那儿的是我！"他指着自己说："这不是我的身体；这是躺在那儿的那个人的！"当问及他的名字时，他不假思索地答道："布朗。"他认识布朗的妻子和家人（而罗宾逊的就像从未见过似的），他也能够详细地描述布朗生活中的经历，就像是在谈论他自己生命中的事情一样。而对罗宾逊曾经的生活，他显得一无所知。过了一段时间后，他所呈现出的个性特征、言谈举止、兴趣爱好、喜怒爱憎都和曾经的布朗一模一样；而他的言行方式相对于可怜的老罗宾逊却是完全陌生的。

如果这样的事情发生，我们会说些什么？

出处：悉尼·休梅克，《自我认识和自我认同》。

Sydney Shoemaker. *Self-Knowledge and Self-Identity*. Ithaca，NY：
Cornell University Press，1963：23-24.

休梅克声称，既然我们会说布朗逊实际上就是"在"罗宾逊身体里的布朗，我们就不是用身体作为身份认同的标准了。（注意"在"的用法——我们的确是说"我有一个身体"而不是"我是一个身体"——这暗示了一个人的自我与一个人的身体在某种程度上是分离的。或者仅仅是由于我们错误的言谈方式。可能"我"的整个内涵，只是我们语言产生的一个尴尬而又错误的副产品。你能想象一种没有"我"的语言吗？你能想象一群使用这样一种语言的人吗？）

但是，大脑的确是身体的一部分，有人或许会如此回应。对此，休梅克指出，我们实际上同样也没有用大脑作为标准："如果一旦恢复意识，布朗逊的言谈举止像曾经的罗宾逊一样。"（24）

那么我们就会说这是罗宾逊，即使他有着布朗的大脑。所以我们实际上使用的是一些心理特征——性格特征与有关过去的记忆。既然我们觉得这些心理特征与大脑有着因果联系，我们就认为布朗逊有着布朗的性格特征和记忆，而非罗宾逊的。

不过，除了大脑以外的身体各部分就和人的心理特征没有因果关系吗？甚至都不能有所发展吗？换句话说，一个恰好身体健全的人难道不会比一个身体瘫痪的人发展出更多的自信吗？而且或早或晚，有着罗宾逊身体的布朗也不会比当他拥有自己身体时更像是另一个人吗？（如果布朗曾是白皮肤而罗宾逊是黑皮肤，或布朗曾是位女性而罗宾逊却是男人——布朗逊能是布朗多长时间呢？）

威廉姆斯的身心转换

假设有某些程序作用于A、B两人，大概就是遭受了一种他们拐弯抹角地称之为身体交换的东西所导致的后果。换句话说——少一点拐弯抹角——存在如下这样一个人类的身体：在我们先前遇见A时也遇见了它，它发出的一些话语是对A有关过去经历之记忆的表述；它做出的一些动作构成了A的行为举止，可以算作是对A的特征的表露等。不过，现在从这具身体上发出的话语倒像是在表达我们刚刚认作是B的对过去经历的记忆，而它的动作也部分构成了B的性格特征在行为举止方面的表达，诸如此类，完全是与另一具身体颠倒过来一样。

我们进一步宣称，这两个交换身体后的人——即有着A身体的人和有着B身体的人——在实验过后，一人会被奖励10万美元而另一人则会被严刑拷打。我们分别让A、B两人选择将哪种待遇分配给实验后的人，所做的选择（如果可以的话）会是出于自身利益而考虑的。

我们现在再考虑一种不同的情形。某人通过某种力量让我得知自己明天将遭受巨大的痛苦。我为此感到恐惧，对明天的到来充满了忧虑。他告诉我当那一刻来临时，我将不记得曾被告知这会发生在我身上，由于在拷打开始前发生了别的什么事使我忘记了预先的通告。但这一点也不会使我感到振奋……他还告诉我有关我对预知的遗忘只是整个更大进程的一部分：当痛苦开始的那一刻，我将忘记我此时此地记得的所有事。但这同样也不能让我觉得欣慰……他进一步暗示我，当折磨开始时我不仅会忘记我此时此地记得的一切，还会有一个关于过去印象的不同设定，与我现在拥有的记忆截然不同。我还是不觉得这有什么好庆幸的……

我也看不出为什么我得被谁放进一个更好的心灵框架内，并在遭受折磨的前夜安装上过去的印象——这一切会和另一个人过去的经历完全吻合，而我还得把他大脑中的信息复制到我的大脑里才能获得这些印象……

出处：伯纳德·威廉姆斯，《自我与未来》。

Bernard Williams. "The Self and the Future." *Philosophical Review*, 79.2（1970）：161-180，161，163，167-168. Copyright © Duke University Press.

威廉姆斯认为在第一种情况下，A或许会选择让有B身体的人得到10万美元而让占有A身体的人遭受折磨（反之亦然）——这暗示了A和B认为他们只是交换了身体：A认为在交换后，"她"只是单纯地"在"B的身体里，而这就是导致她做出选择的原因（B亦如此）。然而，在第二种情况下的那个人——就假定是A吧——尽管她现在为即将到来的痛苦而恐惧，但若将整个过程都实现后，那她就是第一种情况中选择遭受折磨、拥有A身体的人了。

威廉姆斯的思想实验是在表明我们对身份、同一性的观念是模棱两可的吗？还是说我们的身份既涵盖了心理要素，也拥有物理的要素呢？还是像"心理的""物理的"这种传统标准不足以解释身份问题呢？

或者它只是表明，我们对于我们是谁、是什么的感受和思想——既不清晰也不连贯？还是说第一种情况里那种"迅速而完全"的转变只是误导——其实际上如第二种情况那样是个渐变的过程？（假如，第二种情况里有一段时间——10分钟或10年的无意识，即一个显著的断裂，又会怎样呢？）

再倒回去一点，如果第二种情况下的那人能仔细想明白，她还会为正在逼近的折磨而恐惧吗？为什么呢？

分裂的自我（佩里）

布朗、琼斯和史密斯入院去做大脑恢复手术。（在大脑恢复手术中，一个人的大脑被移出，其大脑经由一台令人难以置信的机器检测、分析、复制；随后一个新的大脑被放回颅骨中，除了拥有更为健康的灰质外，它在各方面都与原先的大脑没有区别。经过大脑恢复手术后，人会感到更为健康，思维和记忆都愈加清晰，但记忆和信仰的内容均未改变。）他们的大脑被取出并放入脑容器中。一个护士一不小心打翻了容器，布朗和史密斯的大脑被毁掉了。为了掩盖她那悲剧般的过失，护士把琼斯的大脑分三次放进那不可思议的机器里，随后把这些复制品拿回手术室。其中两个放入了曾属于布朗和史密斯的颅骨中。而琼斯衰老的心脏承受不了这一切，过了一会儿就死了。

然而，几个小时后另外两人醒来，他们异口同声地称自己是琼斯，彼此都很高兴最终摆脱了那该死的头疼，只是为自己身体发生的这般剧烈的变化感到某种莫名的心烦。我们称这两人为"史密斯-琼斯"和"布朗-琼斯"。问题是，他们到底是谁呢？

出处：约翰·佩里，《自我能分裂吗？》。

John Perry. "Can the Self Divide？" *Journal of Philosophy*，69.16（1972）：463-488，463.

那些声称身份是基于记忆的人（参见《洛克的王子与鞋匠》和《莱布尼兹的中国君主》）会不得不承认这两人都是琼斯。但他们怎么可能是同一人呢？（他们做着不同的行为，想着不同的事情，感受着不同的东西。）

一个进一步的问题是，我们还不能说他们不是同一个人（即史密斯-琼斯不是布朗-琼斯），而且也不能同时说史密斯-琼斯是琼斯，布朗-琼斯也是琼斯。这似乎有点反逻辑：如果A是X，且B是X，那么A就不得不是B了，不是吗？

佩里所提供的一个可能的解决方案，是把一个人的历史考虑为分支的形成；"所有被认为是琼斯的个人阶段加上史密斯-琼斯手术后的所有阶段形成一条分支，而所有被认为是琼斯的个人阶段加上布朗-琼斯手术后的阶段则形成另一条。"（471）不过这是否意味着，在手术前当我们和琼斯谈话时，我们并没有和一个完整单独的人交谈呢？

那么或许，我们应该说所有人（甚至是手术前的琼斯）都只是些个人阶段罢了。这样我们就可以说，手术前的史密斯-琼斯是琼斯，布朗-琼斯也是琼斯；同样也能声称手术后的史密斯-琼斯不是布朗-琼斯；换句话说，手术前他们是同一个人，然而现在却不是了。但是这样我们就不能谈论那些未来会发生在我们身上的事情了——因为它们实际上是发生在别人身上，发生在一些其他的"个人阶段"上。

因此，佩里又提出了另一个方案：人实际上等于一生的时光，一个生命期涵盖了所有暂时与其关联的个人阶段。因此，上面描述的每一个分支都是一个生命期，就像整个Y形结构的树干加上它的两个分支一样。那么，"琼斯手术前的阶段归属于三个生命期：Y形结构的树干和它的每个分支"。（481）这个方案"有用"吗？

普莱斯的大肠杆菌约翰

（假设）通过使用一种微观外科手术，罗克华斯大学的科学家史密斯于t_1时刻解剖了约翰——一个被详细检查过的大肠杆菌——除了略带不敬地以罗克华斯的奠基者命名，它算得上是该物种中的一个典型。在将约翰的两个染色体及核糖体隔离了一段时间后，史密斯转而用一个小型微量吸管从约翰内部将其水分完全排至一支试管内，而将余下的细胞膜和细胞壁分别储藏在两支试管里。几天后，确定没有任何细胞成分还能运作后，史密斯重装了它们。经过注射一种XZ2物质后，重装的细胞于t_2时刻又被赋予了生命：它在一个专门培植大肠杆菌的容器里重新生长，通过细胞分裂，长成了和约翰一样的菌株；简而言之，它拥有鲜活的大肠杆菌所具有的一切重要性质。

约翰自始至终都存在着吗？

出处：马乔里·S. 普莱斯，《时间中的同一性》。

Marjorie S. Price. "Identity Through Time." *Journal of Philosophy*,
74.4（1977）: 201-217, 210.

一般认为，为了能说X在时间中持续存在，必须有一些描述或本质的要素适用于整个时间中的X。普莱斯则以约翰是持续存在的为由对上述观点提出了质疑。普莱斯声称在这种方式下能适用的称谓的含义是非常宽泛的（比如"对象"和"实体"），这使得上述观点完全没有意义。举例而言，关于约翰的一个称谓是"有机体"，但即便如此也不适用于我们所探讨的整个时间（约翰在某个点上不再是有机体），但约翰却在整个时间中都存在。（普莱斯也谈到过被送往火星的"罗弗"，一旦它返回到地球就逐渐成为一大团无定形的细胞，或许可以恰当地称之为"克洛弗"[1]——罗弗不再是一条狗，但它并没有停止存在。）

但若不是诉诸某些基本的要素得以持续存在，我们怎能说约翰（或罗弗）是持续存在的呢？也许可以确定的是某些东西存在着，但它是约翰（或罗弗）吗？那些声称约翰并未继续存在的人或许就是这样认为的，因为在时刻t_1和t_2之间不存在任何能够和约翰相等同的事物；没有组织的物理碎块、片段只会产生不适当的特征函数。不过，普莱斯反驳道，若是这样的话，那我们就不得不说，"一块亟待修复的手表，当一个珠宝匠或修理员把它拆开时它就停止存在了"（211）——在这类事例中，要复原它们在逻辑上就是不可能的。

所以我们必须声称所有的物质对象都是持续存在的，即使它们

1　Clover，含义为"三叶草"，传说由夏娃从伊甸园带到大地上。——译者注

变成碎裂的物体时也是如此了？〔这种看法所暗示的有关同一性的物理标准是什么呢？参见《霍布斯的忒修斯之船》和《查尔斯、盖伊·福克斯与罗伯特（威廉姆斯）》〕或者我们应该"以某种方式重构'时空连续性'，使它允许一个在时空上连续的物体占据一个不连续的场所？"（211）又或者我们应该"放弃把时空连续性作为一个物质对象在一段时间内保持同一性的必要条件？"（211）

帕菲特的裂变

我的身体和我两个弟弟的大脑在一次意外中都受到了致命伤。我的大脑被分割，每一半都成功地移植进我一个弟弟的身体里。人们相信他们中的每一个都是我，他们似乎记得我的生活，拥有我的性格，甚至在心理上的各个方面都与我相连贯。而他们的身体又与我的非常相像……

我又是怎么了呢？

出处：德里克·帕菲特，《理与人》。

Derek Parfit. *Reasons and Persons*. Oxford，UK：Oxford University Press，1984：254-255.

这个事例一眼看上去就像休梅克的布朗逊（参见《休梅克的布朗逊》），帕菲特认为是由于"你的大脑去哪儿你就在哪儿"才得以让布朗逊是布朗。那么既然只用一个运转的大脑半球就可存活在实际上是可能的（想想那些中风患者），帕菲特由此推理道，"你那仅存的一半大脑去哪儿你就在哪儿"——所以，如果你的一半大脑损毁而另一半被移植进他人的身体里，那么因此产生的人其实就是你。但是假如你的另一半大脑并未毁坏会怎么样呢？这才是帕菲特所考虑的情况［其应归功于大卫·威金斯（David Wiggins），他于《身份与时空连续性》（1967）一文中对"休梅克的布朗逊"进行了修改——布朗的大脑被分成两半分别植入两个不同的身体内］。

帕菲特考虑了四种可能性。首先，他并没有存活下来；不过帕菲特推理道，如果他的整个大脑被成功移植就能存活，而且人即使一个大脑半球受伤也能存活，那么就不可能是这么个情况。第二和第三种可能性是他作为因此产生的两者中的一人而存活。但若两个大脑半球彼此差不了多少，为什么他只能作为其中一人而存活——哪一个呢？第四种可能性是他作为所产生的这两人而存在。但一个人不可能同时成为两个人。（为什么不呢？参见《帕菲特的传送门》。假如原先的你并没有在复制的过程中遗失又会怎样呢？）

帕菲特的想法是，或许他在手术后的确活了下来，只不过"后果是有了两个不同的身体和一个分裂的心灵"（256）。事实上，那些切断了两个大脑半球之间连接的人确实具有分裂的心智，两个彼此分离的意识。然而，帕菲特也明白这种"解决方案"掺杂了一种"对我们有关人的观念的巨大歪曲"（256）。

帕菲特由此认为，"我是这两人中的其中一人，或者另一人，还是都不是呢？"这个问题是空洞的；他极力主张放弃关于同一性的所有表达方式。同一性（身份）是个"要么一切要么全无"的东西，但对我们真正重要的只是程度上的问题。

更重要或许也更恰当的问题是，一位生还者——他可以说自己活着而不一定非得说自己是这两人中的一者。不过那个想要活下来的是谁呢？（而且如果"是谁"并不重要，那为什么"你"偏偏想要活下去呢？）

帕菲特的传送门

设想你走进一间房,按下一个按钮,一台扫描器就会记录你大脑和身体里所有细胞的状态,同时将它们摧毁。这些信息随即以光速被传送至别的行星上,那里有一台复制机会完美地制造出一个你的有机复制体。由于你的复制体的大脑和你自己的大脑完全一样,它自然就会记得在你按下按钮那一刻之前的所有生活经历,它的性格也完全像你,而且它在心理上的各个方面都与你相连贯。

它是你吗?

出处:德里克·帕菲特,《分裂的意识与人的本质》。

Derek Parfit. "Divided Minds and the Nature of Persons." In *Mindwaves*. C. Blakemore and S. Greenfield, eds. London: Basil Blackwell, 1987: 19-25, 21.

帕菲特用他的传送门来探讨人格同一性的内涵,即是什么使人之为人。有人也许会用一种物理标准:只要你保持着物理上的连续性(你的身体和/或大脑在时空中持续存在),你就一直是同一个人。根据这种观点,当你踏进传送门的时候,你就死掉了,而那一个复制体并不是你。

不过也有人或许会用一种心理上的标准:只要你保持着心理上的连续性——不论是保持你过去经历的记忆(参见《莱布尼兹的中国君主》),还是保持你的信念与欲望——你就一直是同一个人。如果这样一种连续性依赖于(产生于)身体上的连续性——尤其是大脑——那么当你踏进传送门的时候你仍旧死掉了,那个复制体依然不是你。但是如果心理上的连续性能够依赖于别的什么东西,比如有关细胞信息的复制,那么你仍是存在的——你就是那个复制体(或者说那个复制体就是你)。

但不论是物理的还是心理的方式（插一句，像演奏某种乐器这样的技能到底算物理的还是心理的？）都不得不考虑到底需要多少条件才足够使你仍旧是自己——你的身体会有多少部分继续存在，你的记忆还有多少能够铭记，你依然相信或者渴望的又有多少，诸如此类。然而帕菲特认为这实在难以置信，比如若保留有51%，你就还会是你自己，但若只剩49%，你就不再是自己了吗？也许，与其把身体或记忆设想为某种连续的厚块，不如将身体部分或记忆部分当作一连串或一系列的重复更为妥当。

或者如帕菲特所言，根本就没有你：不论是在哪种方式下都没有一个单一完整的自我（我们称之为"人"的东西），而是"关于各式各样精神状态和事件的绵长系列——思想、感觉等——每一系列就是我们所谓的生命"（20）。帕菲特提出了所谓俱乐部的类比："假定有某个俱乐部存在了一段时间，举办了一些例会。那些会议后来停止了。几年后，有一些人组建了一个有着相同名字和相同规矩的俱乐部。"（23）若要问这究竟是同一家俱乐部还是另一家相同的俱乐部，帕菲特认为这就误解了俱乐部的本质。所以如果要问"我们怎么决定哪些状态和事件属于一个特定的系列、一个特定的生命"就是误解了生命的本质吗？

（鉴于克隆技术涉及复制问题，它会需要我们修订有关人格同一性的概念吗？）

PHILOSOPHY OF LANGUAGE

语言哲学

詹姆斯的松鼠

假定一只活的松鼠紧贴在树干的一面，同时我们想象树干的另一面站着一个人。此人绕着树干快速移动想要看到那只松鼠，但不论他有多快，松鼠都能以同样的速度与他保持同向移动。这使得两者之间始终隔着树干，那人最终也没能看到松鼠一眼。由此而产生的形而上学问题是：此人是在绕着松鼠走吗？可以肯定他确实是在绕着树干走，而松鼠也在树干上，但他有绕着松鼠走吗？

出处：威廉姆·詹姆斯，《实用主义的意义》。

William James. "What Pragmatism Means." 1907. As reprinted in *Philosophy: History and Problems*. Samuel Enoch Stumpf，ed. New York：McGraw-Hill，1971，Book 2：297-303，297.

詹姆斯的这个思想实验是为了表明实用主义方法的价值（297）：

哪一边是对的……取决于你在实际中如何理解"绕着"松鼠跑。如果你是指从松鼠的北边跑到东边，再到南边，接着是西边，最后再回到松鼠的北边重新开始；由于此人占据了这些相继的方位，那么他显然是在绕着松鼠跑。但是相反的，如果你是指先到松鼠的前面，再到它的右边，然后是后面和左边，最后再回到前面重新开始；那么显然此人没有绕着松鼠跑，因为松鼠的相应移动使得它的腹部一直朝向此人，而背部则朝向外面。

实用主义方法仅仅是追溯一系列推理的实际后果："如果此概念而非彼概念正确，那么这在实践中对任何人来说，会有什么区别？如果找不到任何实践上的区别，那么两者实际上指的是一回事，所有的争论就是徒劳的了。"（298）詹姆斯声称这样一种方法会解决那些长期遗留的形而上学争论，比如世界是一还是多，我们是否拥有自由意志，事物是否是物质的，诸如此类。

但是实际的结果能完全掩盖争论的价值吗？詹姆斯认为的确如此，考虑到查尔斯·皮尔士声称信念实际就是行动的准则（298）。但所有的一切真的就只关乎信念？所有抽象的区别（原则上、定义上等）都能被具体的区别（事实上、行动上等）所表达吗？

詹姆斯继续发展的不只是关于意义的实用主义理论，同样也有关于真理的实用主义理论：他指出，我们最终不得不意识到，以实验（经验）为基础的科学所创立的自然法则都只是些近似值——"没有任何理论能完全是实在的副本"（302）。他继续谈道，"观念（它们本身只是我们的部分经验）要是真实的，只有当它们能帮助我们与其他部分的经验处于一种圆满的关系中方可确定"（302，略去原文的着重号。这与符合论的真理观完全相反，后者声称只有当语句与实在、与我们经验的事实相符合才会是真的）。举例而言，詹姆斯认为，"只要神学观念被证明对具体的生活有益，它们对于实用主义来说就如同是善的一样亦是真的"（303，略去原文的着重号）。然而，他又补充道，"至于它们究竟有多真，完全依赖于它们和其他亟待承认的真理之间的关系了"（303，略去原文的着重号）。即便如此，詹姆斯的方法就完全没有涵盖一点幻想的成分吗？

维特根斯坦的游戏

请设想一下我们称为"游戏"的事例。我的意思是那些棋类游戏、牌类游戏、球类游戏以及奥林匹克竞技游戏等。它们有什么共同之处呢？——别说"一定存在什么共同之处，否则它们不会都叫作'游戏'"——还是请仔细看看它们全部是否都确有什么共同之处。如果你仔细观察了它们，你就不会发现它们有任何共同的地方，除了那些相似性、彼此的联系，以及整个一连串的相似与联系。再重申一遍：别去想，而是要去看！比如看看棋类游戏那彼此间各式各样的关联，再看看牌类游戏，你会发现这里存在着很多和第一组相对应的地方，但是许多共同特征没有了，另一些特征却出现了。当我们接着再看球类游戏时，仍会有很多共同之处保存着，但也有许多特征不见了。它们都有"趣味性"吗？比较一下国际象棋和井字游戏吧。或是它们总有输赢，或是它们总让游戏者彼此竞争？考虑一下单人纸牌游戏吧。在球类游戏中是总有输赢的，但当一个孩子把球扔向墙壁再接住再继续扔，那么这个特征就消失了。看看技巧和运气所起的作用，看看象棋中的技巧和网球中的技巧彼此之不同。现在再考虑一下类似于转圈圈[1]的这类游戏，这里确实有趣味性的因素，但有多少其他的游戏特征都消失了啊！我们还可以用同样的方法考察许许多多其他种类的游戏，看看这些相似性是怎样出现，又是怎样消失的。

出处：路德维希·维特根斯坦，《哲学研究》。

Ludwig Wittgenstein. *Philosophical Investigations*. 1953. New York：Macmillan，1958：Section 66.

维特根斯坦在这里对我们的语言进行了考察——尤其是我们的话语的意义。该思想实验使他断定，所谓的标准观点——即每个词语都为某个事物命名，每个词语都有一个意义——根本是个错误。他认为当我们考察游戏时我们所找到的只是"一个斑驳交叉、相互

1　几个人手拉手，边唱儿歌边转圈的儿童游戏。——译者注

重叠的相互性之复杂网络"（66节），即所谓的"家族相似"（67节）。他的思想实验的结果是正确的吗——所有游戏真的没有任何共同之处？他的结论是否不仅针对"游戏"而是我们所有的词语都缺乏准确的外延？

有人或许认为既然缺乏准确的外延，那么我们的语言就没有意义也毫无用处。然而，维特根斯坦并不认同，他声称一个词的意义就是它的用法（我们使用它的方式），在我们共同生活及与他人交谈的时间里慢慢发展（参见《维特根斯坦的"S"》）。但是特征的缺乏并不意味着会带来严重的后果——尤其是当我们使用词语指称抽象事物的时候（比如像"正义""美""真理"这些词语）。

维特根斯坦的"S"

让我们想象以下情况。我想用日记记录某种重复出现的感觉。为此，我将其与符号"S"相联系，并于我有这个感觉的日子里在日记本上写下这个符号。首先我要声明，这个符号的定义不可能被阐明。但我仍能给自己一种实指性的定义。怎样呢？我能指明这个感觉吗？就通常的感觉而言是不可能的。但在我说出或写下这个符号的同时，我把所有的注意力集中到这个感觉上——这样或许就可以算是我在内心里表明了它。不过，这套仪式是为了什么？仅仅就是它看起来的那样罢了！一个定义当然应该确立一个符号的意义。没错，这正是通过我集中注意力确立的；我也正是以这种方式将符号与感觉之间的联系印刻了心里。然而，"我将其印刻在自己心里"只能意味着：这一过程使我以后能正确地记住这种联系。但现在的情况下，我并没有关于正确性的评判标准。

出处：路德维希·维特根斯坦，《哲学研究》。

Ludwig Wittgenstein. *Philosophical Investigations*. 1953. New York：
Macmillan，1958：Section 258.

维特根斯坦的这个思想实验通常被理解为是表明一个人不可能拥有一种私人语言，因为并不存在任何先前的基础或客观性标准以对该语言用法的正确性进行评判；这样的标准需要一个社会性的语境，一个语言使用者的共同体。不过，有人会反对，为什么单独一个人就不能建立一种标准以确定正确的用法呢？（参见《艾耶尔的鲁宾逊·克鲁索》）

即便如此，维特根斯坦认为其不足以决定词语是否被正确地使用（293）。这是否意味着它们完全没有意义，关于我们私人经验的词语不可能用来表示任何东西？

假定每人都有一个盒子，里面装着某个东西：我们称其为"甲虫"。没有人能够察看其他人的盒子，而所有人都声称只有通过看他自己盒子里的甲虫，他才知道甲虫是什么。这里完全有可能每人的盒子里都还装着别的什么东西。你甚至可以想象有这么一个东西在持续变化。倘若假定"甲虫"这个词在这些人的语言中只有一种用法呢？如果是这样的话，它就不会被用作一个事物的名称。盒中之物在语言游戏中就完全没有位置，甚至都不能作为一个事物：因为盒子甚至都可能是空的。

所以不仅是我们不知道他人的经验（参见《洛克的颠倒光谱》），而且甚至我们都不能谈论自己的经验吗？（或者我们能，但说的都是些没有意义的胡言乱语……）

艾耶尔的鲁宾逊·克鲁索

想象鲁宾逊·克鲁索独自流落到孤岛上时还是个没有学会说话的婴儿。让他像罗慕路斯和雷穆斯[1]一样被一条狼或别的什么动物哺育，直到他能自己养活自己，长大成人。他当然能够辨识出许多当初登岛时的事物，从某种意义上讲，他让自己的行为与它们相适应。那么他也能为它们命名这一点，真的就不可想象吗？

出处：A. J. 艾耶尔，《能有一种私人语言吗？》。

A. J. Ayer. "Can There Be a Private Language？" *Proceedings of the Aristotelian Society*, supplementary vol.28（1954）: 63-76，70. Reprinted by courtesy of the Editor of the Aristotelian Society：©1954.

艾耶尔相信他的鲁宾逊·克鲁索能给事物命名这一点绝非不可想象，他同时以此思想实验来反驳维特根斯坦，认为一个人能有一种私人语言（参见《维特根斯坦的"S"》）。维特根斯坦或许会回应，鉴于我们有瑕疵的记忆，艾耶尔的克鲁索可能永远都不确定他是否在遵循自己的准则。但是不正确或不连贯地使用一种语言，与完全不能使用没有区别吗？

况且，艾耶尔承认在赋予符号意义的过程中存在问题，但"在符号被假定为是公共的情况下提出反对，并不比其在私人情况下问题更少"（68—69）。所以，一种私人语言之于一种公共语言，既不具备更多也不存在更少的可能性。

的确，特别是由于缺乏客观的标准，一个人完全能够坚持存在一种私人语言——如果只是因为语言对主观经验的描述不能被公众所理解的话。换句话说，目前为止我们用来描述自身主观经验的语词

1　传说中罗马城的建立者。——译者注

若都只能被我们自己知道，我们必然就在使用一种私人语言了。但这能叫作一种语言吗？我们到底应该如何准确地定义"语言"呢？

奎因的Gavagai

（设想）一位语言学家在没有任何翻译者的帮助下，力图理解并翻译一种迄今无人能懂的语言。他所能获得的全部客观数据只是他看到的当地人表面上遭受的作用力，以及可观察到的发声行为和其他一些行为……

……一只兔子匆匆跑过，那个当地人叫道"Gavagai"。于是语言学家便记下语句"兔子"（或"看，一只兔子"）作为一种尝试性翻译，留待以后的事例来检验……如果假定当地语言中包含了……"动物""白色"和"兔子"……那么语言学家怎么才能得知当地人在恰好会说"兔子"的所有情况下和某些（但非全部）会说"白色"的情况下，他也会赞同并可以说"动物"呢？只有通过主动探询那些本土语句和刺激场景的结合体，才能缩小猜测范围，达到最终令人满意的结果。

所以我们就让语言学家在每种刺激场合下都去问"Gavagai？"，并且每次都记录当地人是赞同、反对或是两者皆不。但当他观察或倾听当地人谈话时，他又怎么能辨识出当地人的赞同和反对呢？……假设当兔子之类的东西出现时，他在问"Gavagai？"之类的问题；其发觉当地人经常回答"Evet"和"Yok"，这就足够推测出它们可能对应于"是"和"否"，但语言学家还是不知道究竟哪个是"是"，哪个是"否"。

出处：威拉德·冯·奥曼·奎因，《语词与对象》。

Willard Van Orman Quine. *Word and Object*. Cambridge，MA：MIT Press，1960：28，29.

通过这个思想实验，奎因研究的是语词与对象之间呈现出来的关系。他认为，我们最多只能得知是什么促使或刺激了"Gavagai"这么一句话，而非"Gavagai"的意义。而且即使如此，我们能得到的最好结果仍是一个近似物。

奎因指出，其中一个困难在于先前的相关信息所扮演的角色："（当地人）或许凭借先前的观察（语言学家是不知道的）便能从草丛中隐约闪现的一个跃动辨识出那是一只兔子。但语言学家可不会因这模糊的一瞥就能凭自身的信息说出'是兔子吗？'这里，'Gavagai'对于当地人的在场刺激意义与'兔子'对于语言学家的当下刺激意义就存在差异……（或者）当地存在一种语言学家不知道的兔蝇（rabbit-fly），其可通过自身长翼和不规则的运动被辨识；若看到这样一只蝇在某个模糊不清的动物附近，就能使当地人意识到后者是只兔子。"（37）另一个困难在于"当地人或许会因仅仅看到兔子的耳朵而对'Gavagai？'表示否定，却是因为兔子不在他要射猎的位置上，他这就是误判了语言学家问'Gavagai？'的动机"（39）。此外，奎因继续指出，也许"Gavagai"适用的对象完全就不是兔子，而是"关于兔子某个短暂的生长阶段"（51），或是"兔子不可分割的肢体部分"（52），或是"所有兔子的统称……即世界的时空中那个由所有兔子组成的单一不连续的部分"（52），或是那个"循环往复、普遍永恒的兔性（rabbithood）"（52）——在所有这些事例中，何物引发了"Gavagai"也就同样刺激了"兔子"："指向一只兔子的同时，你就指向了兔子的一个阶段、一个不可分割的肢体部分，也就指向了兔子的统称，以及所显

现的兔性。"（52—53）

要判定"Gavagai"究竟意味着什么，语言学家在指着它的同时就要问这类问题："那是一只Gavagai还是两只？"——这就必须要懂得当地语言的其他语词。"整个语言组织是相互依存的"（53），奎因认为，意义只有伴随语境的其他意义才能确定，只有在整个语言的语境下才能获得。

奎因所描绘的这种不能互译的情况是"毫无希望"的吗？（如果我们不能在一种良性的状况中获得"Gavagai"和"兔子"这类词的意义，那是否可以指示什么东西呢？那些指示抽象关系的词语又是怎样呢？想象一下语言学家试图为像"没有质量的中微子"这类事物确定意义。）一个人在孩童时期学母语的情况不是和"彻底翻译"很类似吗——难道我们学到的不过是"近似物"吗？（而且，一定要超过近似物才行吗？参见《维特根斯坦的游戏》。）

普特南的孪生星球

假定遥远的星系里有一颗行星，我们称之为孪生星球。除了接下来我们将详细阐释的区别外，它完全和地球一模一样……

孪生星球上有一种叫作"水"的特殊液体物质，但其分子式不是H_2O，而是某种我将其简写为XYZ的东西。假定XYZ在正常的温度和气压下与水完全没有区别。特别是它尝起来像水，也能像水一样解渴。我也假定孪生星球的海洋、湖泊中容纳着XYZ而不是水，孪生星球上下雨时降下来的也不是水而是XYZ，如此等等。

假如一艘来自地球的宇宙飞船到访了孪生星球，那么最先的猜想就是地球上的"水"和孪生星球上的"水"意思相同。当发现孪生星球上的"水"其实是XYZ时，这一猜测就会被纠正过来；宇宙飞船上的地球人会做出这么一份报告："在孪生星球上，词语'水'意味着XYZ。"……

同样，如果一艘来自孪生星球的宇宙飞船到访了地球，最先的推测就是词语"水"在地球上和孪生星球上是一个意思。这一推测也会随着发现地球上的"水"其实是H_2O而被纠正，孪生星球的飞船会报告说："在地球上，词语'水'意味着H_2O。"

……现在让我们把时间倒回到1750年左右。那时地球和孪生星球上的化学教育事业都不发达。普通的地球人并不知道水由氢元素和氧元素构成，而孪生星球上的居民也不知道"水"由XYZ构成。……设定奥斯卡$_1$是一个典型的地球人，而让奥斯卡$_2$作为其在孪生星球上的对应者。你可以设想奥斯卡$_1$和奥斯卡$_2$关于水的理念没有任何不同，两人在外观、感觉、思想，乃至内心独白方面完全一模一样。而词语"水"的外延（满足事物集合的对象）在地球上不论是1750年还是1950年都指H_2O；词语"水"的外延在孪生星球上于1750年或是1950年都是XYZ。

奥斯卡$_1$和奥斯卡$_2$会把词语"水"理解为有着相同的含义吗？

出处：希拉里·普特南，《意义的意义》。

Hilary Putnam. "The Meaning of Meaning." In *Minnesota Studies in the Philosophy of Science*. Vol.7：*Language，Mind，and Knowledge*. Keith Gunderson，ed. Minneapolis：University of Minnesota Press，1975：131-193，139-141.

普特南尝试回答的宏观问题是："意义的意义是什么？"关于"意义"的一个标准观点是"知道一个词语的意义仅仅是处在一个确定的心理状态下"（135），所以如果两个人对一个词的理解不同，那他们就一定是处于不同的心理状态（精神状态）。普特南希望用他孪生星球的思想实验来表明另一种可能：奥斯卡$_1$和奥斯卡$_2$在物理上完全相同，所以当他们想到"水"时，他们应该是在相同的心理或精神状态下；然而，当他们想到"水"时，他们想的却不是同一个东西——一个人想的是H_2O，另一个人则想的是XYZ。因此，普特南推断，意义"不只是在头脑之中"。

相反，普特南论证说，意义是由外部环境决定的——事实的真相。从这方面看，他的观点无疑是实在主义的（参见《普特南的缸中之脑》）。而且，因为我们通常确实不知道事实的真相（我们大多数时候分辨不出所谈论的那湿的东西究竟是H_2O还是XYZ），普特南认为意义也被社会语言习俗和共同体的实践所决定。这样看，他的观点又很相对主义。这有问题吗？

再说，如果奥斯卡$_1$和奥斯卡$_2$都不懂化学，当他们说"水"时难道不是指的同一个事物（某种"清澈、无味、能解渴的液体"）？在"意味"与"意欲"之间，"意味"与"指涉"之间存在差别吗？

最后，普特南的观点是否只适用于关于自然或物质对象的词语？像"红色""疼痛"这类词又如何呢？

EPISTEMOLOGY

认识论

5.1 知识的可能性

笛卡儿的邪恶魔鬼

很久以来我心里就蕴藏着那古老的观点：存在着一个万能的上帝，正是他把我造就成现在这样。但是我怎么知道他没有做过这些事？即实际上并没有大地、没有天空、没有延展的物体、没有形状，也没有尺寸及所处之地方；是他让现在这所有一切如其所是地显现为存在吗？再者，就像我有时判定他人在他们认为自己最清楚明白的事情上犯错一样，上帝是否也会同样让我在如下事情上犯错：每当我做二加三时，或数一个正方形的边时，以及任何能想到的比这还简单的事情时？

……假定不存在那么一位至善的上帝……而是有着一个超级强大、狡诈无比的邪恶魔鬼，并且尽其所能地欺骗我……

因此，我假定我所看到的一切都是幻象；我相信我那说谎的记忆所展现出的任何事情都没有真的发生过；我没有任何感觉；物体、形状、尺寸、运动和地点都是些妄想。那还有什么才是真实的呢？……

出处：勒内·笛卡儿，《第一哲学沉思录》（又译为《形而上学的沉思》）。René Descartes. *Meditations on First Philosophy*, First and Second Meditations.1642. As rendered in Descartes. *Philosophical Writings*. Elizabeth Anscombe and Peter Thomas Geach, trans. and eds. New York: Macmillan, 1971: 63-64, 65, 66.

笛卡儿在他的《第一哲学沉思录》中致力于确定什么是确凿无疑的知识。首先，他意识到感官会偶尔欺骗他，所以感觉的知识不能说是确定的。接着，他承认有时自己的梦是如此生动，以至于他不能确定自己究竟是醒着还是在做梦——他怎么能确定自己现在不是在做梦呢？不过他又推论道，"不论我是睡着还是醒着，二加三还是等于五，而正方形总有四条边"（63）。然而，由于他决定做一次彻底的"大扫除"，来摆脱思想上陈腐的观念与习惯，便要从最为基础的东西重新开始，于是他设定了一个可以在所有事情上欺骗他的邪恶魔鬼。他的思想是否使他滑向了怀疑主义（即我们对任何事情都一无所知）？非也。相反，笛卡儿推理如下："即使他欺骗我，然而……我毫无疑问地存在着；让他能怎么骗就怎么骗我吧，只要我能想到我是个什么……他总不能让我事实上什么也不是吧……无论何时只要我在心里说出或想到'我是''我存在'，这就必然是真的。"（67）这就引出了笛卡儿的名言：cogito ergo sum——我思故我在。

由于确立了他存在这一确定性，即他就是那个正在思考、怀疑、想象的东西，他进而就去确定除此之外他还确切地知道些什么。从"我是"会引申出什么呢？

话又说回来，他真能确信他存在吗？而且他能确信那个正在思考的东西就是一个"我"吗？（即便如此，它又在哪儿呢？参见《普特南的缸中之脑》）它可能是一个"我们"吗？还是只是一个"它"？或者仅仅是那个"在思考的东西"？

罗素的五分钟假设

　　以下假设在逻辑上并非完全不可能，即世界突然变回五分钟前的样子，与它当时的情景一模一样；这个世界上的居民都"记着"一个完全不真实的过去。

出处：伯特兰·罗素，《心的分析》。

　　Bertrand Russell. *The Analysis of Mind*. 1921. London：George Allen & Unwin，1968：159.

　　罗素呈现的"五分钟假设"仅仅是为了表明对某事物的记忆在逻辑上并不依赖于该事物的真实发生。而且虽然他认为这个假设作为对怀疑主义（即认为我们对一切都毫无所知）的支持实在无趣，但是仍然有哲学家出于某种目的而使用它。有人或许会建议那些怀疑主义者看看昨天的报纸，或是指着一件又旧又破的牛仔衣，由此表明这一假设是可以被驳倒的。不过，怀疑主义者会说，宇宙完全可以在五分钟前创立却使它看起来就像存在了任意年份。那么五分钟假设就和60亿年假设"实际上一样"了？（若不是，又为什么呢？）

5.2　知识的来源

相等数量的木头与石块（柏拉图）

你会怎么看这些所谓相等数量的木头与石块，或是别的什么相等之物……它们彼此之间的相等是否等同于那个绝对的"相等"本身呢？还是它们要比这个完全的"相等"差那么一点呢？

（辛弥亚[1]回复道，它们比绝对的"相等"要差一些。）

……

所以，我们必须事先已经知悉了"相等"，然后当看到相等之物时，才会想到所有这些表面的相等必须等同于绝对的"相等"，虽然还是差一些。对吗？

（辛弥亚表示赞同。）

……

所以，在我们开始去看、去听或以别的方式去感知之前，我们必须具备关于绝对"相等"的知识。否则我们怎么能将这些由感官得到的相等之物与作为标准的"相等"进行比较呢？

出处：柏拉图，《斐多篇》。

Plato. *Phaedo*. c. 380 BCE. B. Jowett, trans. Roslyn, NY：Walter J. Black，1942：107.

1　底比斯的辛弥亚（Simmias of Thebes），苏格拉底的追随者，《斐多篇》中的登场人物。——译者注

柏拉图在该思想实验中表明我们不可能单从感觉经验得出有关绝对相等的观念，因为不存在"相等"的木头与石块，我们感知它们的感觉也不是完全相同的。由于我们事实上确实拥有这一观念——因此，有关绝对相等的观念就必须是先天的（心灵自身建立起的一个基本的观念或原则；或如柏拉图实际所暗示的，我们在出生之前就已学习了这些，然后由于一些当下的刺激使我们回忆起曾经学过的东西。柏拉图认为另外一些先天观念，如"美""善""正义"，亦是如此）。但这一事例是在说我们不能从感觉经验中获得绝对相等的观念吗？如果是这样，它是否证明我们拥有先天观念呢？（参见《密尔的混沌世界》）

笛卡儿的蜡块

考虑一下……这块蜡。它刚从蜂房中取出，还未完全丧失掉蜂蜜的味道，保存着些许当初采摘的鲜花的芬芳；它的颜色、形状、尺寸一看便知；它又硬又冷，容易拿捏，若连续敲击则会发出声响；实际上它拥有着我们认识清楚一个物体所需要的全部性质。但就在我说这些话时，它被放到了火边。于是，味道消散了，芬芳蒸发了，颜色改变了，形状不同了，尺寸增加了，它变得又滑又热，让人拿捏不住，即使你再敲它也不会发出任何声响了。那么，这还是原先的那块蜡吗？

出处：勒内·笛卡儿，《第一哲学沉思录》。

René Descartes. *Meditations on First Philosophy*, Second Meditations.1642. As rendered in Descartes. *Philosophical Writings*. Elizabeth Anscombe and Peter Thomas Geach, trans. and eds. New

York: Macmillan, 1971: 72.

笛卡儿的答案是："当然如此。"但是——这才是有趣的地方——如果我们知道在那儿的还是同一块蜡，绝不可能是通过知觉或感觉体验得知的，因为"所有一切能尝到的、闻到的、看到的、摸到的，以及听到的，现在都改变了"（72）。那我们如何得知呢？

这个思想实验是否适用于我们所知道的一切呢？

莫利纽克斯的盲人

假如一个人天生眼盲，等他长大成人时已被教会用触觉来辨识几乎同样大小的金属立方体与球体。当他触摸两者时就能说出哪一个是球体，哪一个是立方体。接着假定将立方体和球体置于一张桌子上，假使这时那位盲人也获得了视力：现在我们问，不论他是否使用视力，在他触摸它们之前，他能辨识并说出哪个是球体，哪个又是立方体吗？

出处：威廉姆·莫利纽克斯，见于其致洛克的信件，收录在《人类理解论》中。

William Molyneux. In a letter dated 1693 to John Locke, quoted by Locke in the second edition（1694）of *An Essay Concerning Human Understanding*. Book 2, Chapter 9, Section 8. As collated and annotated by Alexander Campbell Fraser. New York: Dover, 1959, Volume 1: 186-187.

莫利纽克斯预测此人不能单凭视觉区分球体和立方体，因为他不具有必要的经验；他并未学过如何将视觉感知和物理实体联系起来。莫利纽克斯相信他的思想实验否定了内在观念的存在［参见《相等数量的木头与石块（柏拉图）》］。理性主义者则试图论证它们存在（通常基于对某些原则的一致认同）；理性主义者会说此人能够意识到并辨识出球体与立方体，通过将他现在看到的与他心中关于它们的观念相匹配——他所拥有的观念是独立于其生活经验的。然而，像莫利纽克斯和洛克这样的经验主义者则认为我们并不与生俱来地拥有这些观念，以及这些关于物理世界的知识；相反，如洛克所言，当我们出生时我们的心智不过是一块白板1，我们是通过感觉经验和随之而来的联想与抽象之推理才获得了知识。莫利纽克斯的预测正确吗——结果呢？

当代哲学家珍妮特·莱文对莫利纽克斯的实验进行了修正（见《爱能像热浪吗？》）：假定此人虽然盲了但还是学过关于三维图形的几何学知识，也听到过那些视力正常的人关于这些图形的言论；于是，当他重获光明时，呈现给他别的什么几何图形并告知它们是什么，他就能够区分出球体与立方体。如果是这样的话，我们如何知道我们所知道的又有何含义？

失踪的蓝之色调（休谟）

假定，一个人30年来都享有其视力，而且完全熟悉所有颜色，除了一种他从未见过的特殊的蓝之色调。若将除了这个色调以外的所有蓝色色调，按最深逐渐到最浅的顺序摆放在他面前；在那个色调本该存在的地方，他只看到一片空白，而且他也感觉到那里两个

---

1 tabula rasa，即"白板说"，认为知识来源于经验，是经验主义认识论的一种典型观点。——译者注

连续色调之间的距离比其他任何地方隔得都远。现在我要问，这对他是否有可能，即通过自己的想象来填补这一空缺，使其心中拥有那个特殊色调的观念，尽管这一观念从未经由感官传递给他？

出处：大卫·休谟，《人类理解研究》。

David Hume. *An Enquiry Concerning Human Understanding.* Section 2. 1748. As reprinted in *The English Philosophers from Bacon to Mill.* Edwin A. Burtt, ed. New York：Random House, 1939：592-596, 595.

休谟认为该实验表明了我们的思想不依赖于我们的经验是可能的——这是对理性主义观点的支持（我们拥有先于或独立于我们经验的观念，我们也只能通过理性来获得知识）。

然而，休谟实际上是一位经验主义者（参见《莫利纽克斯的盲人》），他提出一个普遍规则，"心智所具有的创造力，不过是把感官和经验所提供的材料加以混合、调换、增减罢了"（594）。他谈道，如果我们分析一下自己所能想象或思考的东西，就会发现我们的观念无非是我们经历过的要素之组合罢了（比如我们能想象一座金山，只是因为我们先前知晓金子和山脉而已）。此外，他认为人们不能去体验某种无法想到的要素（比如聋哑人就无法想象喇叭的声响）。他认为颜色恰是一个特例，其证明了观念独立于感觉经验并非"绝对不可能"。

颜色是一个例外吗〔参见《天才的颜色科学家玛丽（杰克逊）》〕？若真如此，又是为何呢？或是我们想象失踪色调的能力，像在其他事例中一样，只是一种有关我们经验的混合吗？若我们正确地结合了蓝色与白色（或别的什么颜色）就能想象那迷失的色调吗？也许解决理性主义者和经验主义者之间争论的最好测试就是去问："我们能想象一种叫'普瑞兰尼'（prillany）的全新颜色吗？"

休谟的恒常联结

假设一个人被赋予了最强的理性和观察能力，突然就被带到了这个世界上；他会立即观察到一连串连续不断的事物，前后相继发生的事件，但除此之外他再无所获。起初，由于自然活动所产生的特殊力量并未直接呈现于感官，所以他不能通过任何推理得到关于原因和结果的观念。而且仅仅因为某一事例中某一事件先于另一事件发生，就断定前者是因，后者是果，这实在不合情理。它们之间的联结或是出于任意，或是出于偶然。又或许我们根本没有理由只根据某事物的显现就推断出另一者的存在。总而言之，这样一个不具备更多经验的人，永远都无法针对事实问题运用他的猜想与推理能力；而且再也不能确信除了直接呈现于记忆和感官之外的任何东西了。

我们接着假设此人已在这世界上活了甚久，由此获得了更多的经验，也观察到相似的事物和事件总是恒常地联结在一起出现，则此种经验会带来什么后果？他会立即根据某事物的显现而推断出另一事物的存在。然而，即使凭借全部的经验，他也没有关于某一事物产生另一事物这一秘密力量的任何观念或知识；同样，不论在其经历的事件中使用何种推理方式，他也不能得出上述推论。不过，他依旧发现自己只能如此推断：尽管他确信自己的理解并未参与运作，他还是非得继续同样的思考方式不可。或许，存在别的什么原则决定了他只能形成这么一个结论。

出处：大卫·休谟，《人类理解研究》。

David Hume. *An Enquiry Concerning Human Understanding*. Section 5, Part 1. 1748. As reprinted in *The English Philosophers from Bacon to Mill*. Edwin A. Burtt, ed. New York: Random House, 1967: 585-689, 609.

休谟所声称的另一原则，就是习俗或者说习惯："看到两个对象的恒常联结后——比如热度与火焰，重量与硬度——我们单单受制于习俗就会通过一者的出现而期盼另一者"（610）；毕竟，我们实际上从未看到过因果的联系。不论我们的推论是来源于一次事例还是一千次事例，这始终是同一个推论；我们所观察到的事件即使发生一千次也不比它只发生一次在因果上更加必然。因此，我们拥有的所有知识和理解无非就是可能性罢了。"所有的推断来自经验，"休谟谈道，"是习惯的影响，而非理性的结果。"（610）

不过，休谟那个所谓"拥有最强理性和观察能力"的人，都不能从经验中发现或者说确立原因与结果吗？

康德的先验空间

若你从经验所提供的"物体"这一概念中，一个个地去掉所有经验性的东西，比如颜色、软硬、重量，甚至是不可入性，这样仍然留下的是物体（现在已完全消失了）所占据的空间：这是你不能去掉的……因此，借由该概念强加于你的必然性，你就不得不承认它在你的先天认识能力中占有一席之地。

出处：伊曼努尔·康德，《纯粹理性批判》。

Immanuel Kant. *Critique of Pure Reason*. 1781. F. Max Müller, trans. Garden City, NY: Anchor Books, 1966: 4-5.

通过考察理性及其如何能脱离于感觉经验，康德调和了经验主义和理性主义：知识不仅是后验的（通过经验调查而获得），其同时也是先验的（通过理性、独立于感觉经验的推理而达到）。康德认为，"如果我们将经验中所有属于感官的东西移除，那么剩下的就必然是某些确定的原初观念（比如空间的观念）和一些由此推演出来的判断——其必然完全来自先验且独立于全部的经验"（1）。正是通过这些内置的观念，我们来组织、加工自己的经验。

但康德的思想实验达到了他预期的成果吗？即脱离空间就不可能去想象吗？（是否我们的心智装配着任何其他的内置观念，以补充或代替空间观念？）或者我们对空间的"认识"只是因为我们对世界有如此的感觉体验？［参见《非空间的世界（斯特劳森）》］（而且，如果我们完全没有感官，我们还会知道什么吗？如果我们完全没有理性呢？）

密尔的混沌世界

若我们假设宇宙现有的秩序行将终结，取而代之的是一片混沌：在那里，事件的演替不再固定，过去不会给未来提供保障；若有一人奇迹般地存活下来并见证了这一巨变，他当然不会再相信任何一致或统一，因为统一自身已不复存在。若这一切是被允许的，那么对统一性的信仰或者就不是出自本能，或者就同所有其他本能一样——是为获得的知识所击败的本能。

出处：约翰·密尔，《逻辑系统》。

John Stuart Mill. *A System of Logic*. Book 3, Chapter 21, Section

1. 1843. J. M. Robson，ed. Toronto：University of Toronto Press，1973：565-566.

根据密尔的观点，由于我们是通过世界中诸多"片段的统一"才归纳出因果的普遍性（参见《休谟的恒常联结》），他认为该思想实验不单是表明对统一性的信仰并非出自本能［或是一种先天观念。参见《相等数量的木头与石块（柏拉图）》］，而且还要说明因果关系并非一种本能的或者说先天的观念。密尔论证道，它只是一种思想的习惯，一种通过我们之于世界的经验而形成的归纳（由特殊到一般）。

其他那些假定的先天观念能以类似的方式被证明有误吗？（参见《康德的先验空间》）

5.3 知识的条件

葛梯尔的史密斯与琼斯（和在巴塞罗那的布朗）

假定史密斯和琼斯都在申请同一份工作，并且假定史密斯对下面的合取命题持有非常充分的证据：（d）琼斯将得到这份工作，而且琼斯的口袋里有十块钱。史密斯关于（d）的证据或许是因为公司主管已明确暗示琼斯最终会被选上，而史密斯自己十分钟前则数过琼斯口袋里的硬币。命题（d）蕴含着：（e）那个将获得这份工作的人口袋里有十块钱。让我们假定史密斯意识到了从（d）到（e）之间的蕴含，且因为他对（d）持有充分的证据故也接受了（e）。既然这样，史密斯就清楚地证明了相信（e）是真的是合理的。

但是请进一步设想，史密斯不知道——并非琼斯，而是他自己将获得这份工作。同样，史密斯也不知道他自己的口袋里其实也有十块钱。命题（e）仍然还是真的，但史密斯用来推导出（e）的命题（d）却是假的了。

史密斯真的知道那个将获得这份工作的人口袋里有十块钱吗？

出处：埃德蒙·L. 葛梯尔，《得到辩护的真信念就是知识吗？》。

Edmund L. Gettier. "Is Justified True Belief Knowledge?" *Analysis*, 23.6（1963）：121-123，122. Copyright © 1963 Blackwell Publishing. Reprinted by permission.

葛梯尔所挑战的是有关知识的标准观点[1]，该观点声称一个人若"知道"X或掌握了X的知识，只有当（1）此人相信X是真的，（2）此人相信X为真是得到辩护或有依据的，以及（3）X本身是真的。史密斯相信那个将获得这份工作的人口袋里有十块钱是真的；他所信为真的信念也得到了辩护（根据公司主管的保证和他曾数过琼斯的硬币，以及他随后"根据事实来推断"）；而且那个将获得这份工作的人口袋里有十块钱这也的确是真的。尽管如此，葛梯尔认为，事实上很明显史密斯并不知道那个将获得这份工作的人口袋里有十块钱（如果史密斯自己将获得这份工作，而非他所想的琼斯——而且他也没有意识到自己的口袋里有十块钱）。那么关于知识的标准解释哪里出了错呢？

在一个类似的案例中，葛梯尔则表明问题（一个得到辩护的真信念碰巧为真，但它却是来源于一个虚假的前提）不仅发生在合取命题（含有"和"的命题）中，其也能涉及析取命题（含有"或"的命题）。葛梯尔的例子是：让我们假定史密斯对"琼斯拥有一辆福特车"这一命题持有充分的证据；根据这一命题（他有着非常充分的证据）史密斯随之也能正确地推断出"或者琼斯有一辆福特车，或者布朗在巴塞罗那"；因此，他所相信的有关巴塞罗那的命题就会得到完全的辩护——尽管他根本不知道布朗在哪里。然而，葛梯尔让我们继续想象，琼斯并没有一辆福特车（他昨天凭一时冲动把它给卖了），实在巧合的是，布朗倒真的在巴塞罗那。当然，葛梯尔认为，与标准的解释相反，史密斯不能声称自己知道"或者琼斯有一辆福特车，或者布朗在巴塞罗那"。（但是究竟为什么不能呢？）

1　即"知识是得到辩护的真信念"，英文中常简称为JTB理论。——译者注

斯基尔姆斯的纵火狂

一个纵火狂刚刚购置了一盒"必燃"火柴。他之前已经做过许多次了，而且他也注意到只要火柴不受潮，当他划着火柴时它们就会燃烧。除此之外，他还具备一些基本的化学知识——足够使他懂得必须要有氧气存在才能使某物燃烧，也足够使他确信自己观察到的火柴划着和随即燃烧之间的一致性并不仅仅是一种虚假的关联。他确定火柴保持干燥的状态而且周围也有大量的氧气存在。现在他划着了火柴，非常确信它会燃烧。它也确实燃了起来……然而让我们设想一下存在一些不为我们这位朋友所知的事情，工厂里的某些杂质在加工过程中混进了火柴里，致使其燃点高于划火柴时摩擦力产生的温度。我们进一步设想就在此时此地Q射线发生了一种极为罕见的辐射，碰巧使得火柴点着了，燃烧了，也使得我们这位朋友达到了自己的目的。

纵火狂知道火柴会点燃吗？

出处：布赖恩·斯基尔姆斯，《对"X 知道 p"的解释》。

Brain Skyrms. "The Explication of 'X Knows That p.'" *Journal of Philosophy*, 64.12（1966）：373-389，383.

斯基尔姆斯所探究的是原因在有关知识的信念、辩护和真相三者关系中的角色。纵火狂相信火柴会点燃。他的信念由其自身知识和曾经关于"必燃"火柴的经验得到了辩护或获得了依据。而且，他那被辩护的信念最终被证明是真的，因为火柴确确实实是燃着了。但是斯基尔姆斯认为我们不会说纵火狂知道火柴会点燃。为什么呢？与葛梯尔的例子类似〔参见《葛梯尔的史密斯与琼斯（和在巴塞罗那的布朗）》〕的地方，是纵火狂关于知道X的断言包含了一个推论；与葛梯尔的例子的不同之处在于，该事例中纵火狂依据自身知识得出的信念是真的（在葛梯尔的例子中，公司主管对史密斯的暗示是假的，而琼斯也没有一辆福特车）。即便如此，我们还是不认为纵火狂真的知道，不是吗？

斯基尔姆斯通过该案例提出，使信念为真的并非辩护基础：不是纵火狂的化学知识和他那过去的经验，而是及时出现的Q射线导致了他的信念变成真的；而火柴中的杂质恰恰说明他的知识和过去的经验是不足够的（即不足以"导致"真相，而非不足以确保辩护理由）。这样看来，在某人声称知道什么之前，一种介于真相和辩护之间的因果联系是必需的（辩护必须"能使"信念为真）。所有那些我们声称自己知道什么的事例都需如此吗？而且这是什么样的因果联系呢？其程度有多强呢？

哈曼的虚假报告

一位政治领袖被暗杀了。他的同僚害怕政局出现动荡，决定掩盖真相，谎称子弹击中了其他人。他们在全国性的电视节目上宣称，一场针对领袖的暗杀计划失败了，杀手误杀了一位特工人员。然而，在电视通告之前，现场一位非常有胆量的记者就在电话里把真实情况报告给了他的报社，其内容包括了事件始末的完整过程。吉尔买了份报纸，阅读有关暗杀事件的新闻报道。她所读到的，以及她对于这个事件如何见诸报刊的设想都是真的。那位见证了暗杀一幕的记者，其署名报告也按照他所讲述的那样刊印了出来。

吉尔知道那位政治领袖已经被暗杀了吗？

出处：吉尔伯特·哈曼，《思想》。

Gilbert Harman. *Thought*. Princeton, NJ: Princeton University

Press，1973：143.

一方面，吉尔的信念是真的（那位政治领袖已经被暗杀了）且得到了辩护（报刊新闻是能够信任的），这样看来她似乎是知道的。但另一方面，如哈曼指出的，其他所有人都获悉了有关暗杀计划失败的电视通告，且若他们也读到了报刊新闻，他们就很可能不知道究竟该相信谁。哈曼认为，"吉尔和所有其他人一样都缺乏证据，然而单单她却知道，这实在不合情理"（144）。因此，哈曼断定，"她掌握的知识受到其所缺乏的证据之削弱"（144）——如果吉尔先前获悉了电视通告，那她关于政治领袖被暗杀的信念就没有得到辩护，或至少比它的反面要缺少依据。但是你所不知道的（尤其是你不知道的还是假的）怎么能"削弱"你声称自己确实知道的呢？

哈曼的思想实验促使他重新考虑辩护作为知识必要条件的资格："只有不存在这样的证据——此人知道它不会为他所相信的论断提供辩护时，才能说某人真正知道。"（146）加上这一点就构成了充分的限定条件吗？〔参见《伪造的谷仓（戈德曼）》〕这些起着削弱作用的证据究竟算什么呢？

伪造的谷仓（戈德曼）

亨利带着他的儿子，驾车行驶在乡村小路上。为了启发孩子的好奇心，亨利辨认着沿途各种各样闯入他们视野的风俗事物。"那是一头奶牛，"亨利说道，"那是一辆拖拉机"，"那是一个地窖"，"那是一座谷仓"，如此等等。亨利毫不怀疑他所辨识的这些事物，他尤其不怀疑最后提到的事物是座谷仓，它也确实是。每一个被辨认的事物都有自身类型的辨识特征。而且亨利视力极好，每一个对象都尽收眼底；加上道路通畅，他有足够的时间仔细观察它们。

鉴于以上信息，我们会说亨利知道那个物体是座谷仓吗？只要我们没有处在某种哲学的心境中，我们大多数人都会毫不犹豫地承认这一点。如果我们再增添些附加信息，我们现在的倾向就会发生逆转。假设我们得知——亨利并不知道——他进入的这个区域摆满了纸做的模型谷仓。这些模型从路上看就像真的谷仓一样，但实际上却是些门面工程——没有后墙，也没有内仓，根本不能当成谷仓使用。它们建造得如此巧妙，使旅行者总是会将其错当成真的谷仓。然而从一开始进入这个区域亨利就没见着任何复制的模型；他所看见的物体是一座真正的谷仓。但如果当时看到的物体是一个模型，亨利也会将它错当成谷仓。由于得知了这一附加信息，我们会强烈倾向于收回刚才认为亨利知道那个物体是座谷仓的说法。我们这种看法的转变究竟该如何解释？

出处：阿尔文·I. 戈德曼，《辨别力与感性认识》。

Alvin I. Goldman. "Discrimination and Perceptual Knowledge." *Journal of Philosophy*，73.20（1976）：771-791，772-773.

戈德曼在该思想实验中探讨的仍是传统的知识论观点，即知识是得到辩护的真信念。在两个事例中，亨利的信念都得到了辩护而且是真的，那么一定是存在别的什么要素用来区分什么是知道（第一个事例），什么是不知道（第二个事例）。该要素不可能是原因，因为两个事例中亨利的信念都是由同一事物——谷仓的呈现——所"引起"的（参见《斯基尔姆斯的纵火狂》）。当然我们也能退回去说在两个事例中亨利都知道（为什么呢？）或在两个事例中亨利都不知道（为什么呢？）。但戈德曼坚持自己的分析，即亨利在第一个事例中知道，而在第二个事例中则不知道。

戈德曼首先考虑到，不同于第一个事例，在第二个事例中亨利是偶然正确——但戈德曼并不相信偶然正确在所有情况下都是评价声称拥有知识的一个充分标准。

他接着考虑到，依旧不同于第一个事例，在第二个事例中存在某些条件（纸制模型谷仓的存在）会挫败他的辩护（参见《哈曼的虚假报告》）。然而，戈德曼推理道，这种方式似乎过于严苛，即排除得太多——在每一个事例中都想象存在某些条件，如果它们是真的，就会挫败某人关于X的辩护，这难道是不可能的吗？是否存在某种方式以限定"挫败"的定义以使它更加适用？

戈德曼又继续道，一个人知道X只有当他能从假的X中辨别真的X。在第一个事例中，不存在伪造的谷仓（假的X等），因此我们默认亨利知道那是一座谷仓。然而在第二个事例中，亨利不能够分辨真的谷仓和伪造的谷仓，所以当他说那是一座谷仓时，他其实并不知道。戈德曼的分析充分吗？这能适用于所有关于知识的声称中吗？举例而言，如果亨利能辨别一条狗和一只猫，这就足够了？或者他必须能够区别一条狗和一条狼？（并且那条狗，是否必须是长得像狼的爱斯基摩犬，或者可以是长得绝对不像狼的腊肠狗？）还有，他辨别的方式是否要紧（比如是否是符合逻辑的推理，还是不合理的归纳，或者仅仅是一个幸运的猜测）？再者，既然运动传感器的光能够辨别运动的物体和静止的物体，那么当你接近它时，它是否知道你在走近它？

邦茹的千里眼

萨曼塔相信自己具有千里眼的能力，尽管她对于这个信念既没有支持的理由，也无反对的证据。一天，并非出于什么明显的理由，她忽然相信总统现在正在纽约。诉诸所谓的千里眼，她坚持这一信念，即使她同时察觉到大量清晰且令人信服的证据——新闻报道、发布会，以及鲜活的电视画面等——都表明总统此刻正在华盛顿特区。然而现在，总统的确是在纽约，那些相反的大量证据是官方为了应对一场暗杀计划而编排好的骗局。除此之外，萨曼塔事实上真的完全拥有千里眼这一能力，它在一定条件下就会被触发，而她关于总统的信念就是由这一能力的运作而产生的结果。

出处：劳伦斯·邦茹，《有关经验知识的外在主义理论》。

Laurence BonJour. "Externalist Theories of Empirical Knowledge." *Midwest Studies in Philosophy*, 5（1980）：53-75，59-60.

标准观点认为，一个人的信念得到辩护且为真，他所声称的才算得上是知识。但是"得到辩护"或者说"有依据"是意味着此人有充分的理由相信X，还是说存在相信X的充分理由？邦茹的思想实验质疑的就是后一种观点，其暗示：即使一个人没有充分的理由相信X，或即使一个人有充分的理由不相信X，他也仍然能声称知道X。萨曼塔没有充足的理由相信自己是千里眼，因此也就没有充足的理由相信总统现在在纽约；况且，她有充足的理由不相信总统现在在纽约（新闻报道称总统正在华盛顿）。因此，邦茹认为萨曼塔"出于对自己拥有千里眼的偏执——其根本没有理由，完全非理性且不负责任地无视总统不在纽约的坚实证据"（60）。邦茹表示，她的非理性不会因为事实上的正确而被取消，而且正是因为其不合理性，导致她的声称没有得到辩护——萨曼塔不能声称自己知道总统正在纽约。

邦茹设置了另外一个千里眼，诺曼，他和萨曼塔一样没有充足的理由相信自己是千里眼；然而不同于萨曼塔，他也没有充足的理由不相信总统正在纽约（比如没有证据表明总统正在华盛顿）——所以当他声称总统正在纽约时，他并没有忽略反面证据。即使如此他也仍是非理性的吗（因为他的信念未得到辩护）？没有理由地相信X是非理性的吗？若是如此，怎样的理由才算足够充分？它依赖于个别人？还是依赖于X？

认识上的坚定攀登者（普兰丁格）

思考一下关于认识上的坚定攀登者的例子。里克在大蒂顿山[1]沿着导墙攀岩时遇上了暴风雪，这使他的下一段行程陷入了困境，于是他便坐在峭壁上一块平坦的地方，协助他的搭档攀登上来。他相信：瀑布峡谷坐落于他左手下方，欧文山脉的悬崖峭壁径直呈现在他面前，在他下方200英尺（1英尺≈0.3米）处有一只老鹰正盘旋滑翔，而他脚上穿着那双新的"火焰"攀岩鞋，如此等等。我们可以规定，他的这些信念是清晰连贯的。再增加一条信息，里克受到高能量的宇宙辐射反复无常爆发的影响，使得他的认知功能突然失灵；他的那些信念从此固定，再也不会对外在经验的变化产生反应。不论他体验到什么，他的信念都保持不变。可以想象，他的搭档不知花费了多少力气才把他弄下来，把他带到杰克逊湖附近的剧

1　位于美国怀俄明州的大蒂顿国家公园。下文中提到的瀑布峡谷、杰克逊湖均为其著名的景点。——译者注

院里，在绝望中一次又一次地为他治疗，而巡回演出的纽约大都会歌剧院正在这里上演《茶花女》。里克就像所有其他人一样坐在那里，沉浸在一浪又一浪辉煌的音乐声中。令人悲痛的是，治疗并未起到作用，他仍然相信自己正处于攀登峭壁的途中，只差最后一段就能登上岩壁的顶端，瀑布峡谷在他左手下方，其下200英尺处有一只老鹰正盘旋翱翔，他穿着那双新买的"火焰"攀岩鞋，等等。而且，由于他所相信的和他坐在峭壁上所相信的完全一样，所以，他的信念仍是清晰连贯的。

里克经受辐射后的信念是合乎情理的吗？

出处：阿尔文·普兰丁格，《担保：当前的争论》。

Alvin Plantinga. *Warrant*：*The Current Debate*. New York：Oxford University Press，1993：82.

普兰丁格用这个思想实验来挑战关于知识的连贯性理论，后者声称一个信念是得到辩护的，只要它和其他信念（处于相关系统，或信仰框架中）是连贯（一致）的。根据连贯性理论，里克的信念是有依据，即得到辩护的。然而，普兰丁格认为，因为他的信念"不能恰当地对其经验做出回应"（82），故并未得到辩护。普兰丁格断言，"连贯对于明确的认识状态来说是不充分的"（82），同样也无必要。普兰丁格继续说道：我们相信得到辩护的东西，经常与我们其余的信念"不相匹配"。尽管如此，普兰丁格并没有完全拒绝连贯性：它或许仅仅是为信念提供认识辩护的诸多来源之一（另外两者是经验和理性）。

这里或许存在一个有趣的问题："当它们产生冲突时，哪个来源才起决定性的作用？"比如，假如你的理性告诉你去相信一件事，而你的经验则告诉你去相信另一者，这该怎么办呢？（而且这些信念中的任何一者都与你其余的信念相互连贯。）

莱勒的"真温度先生"

　　设想一位叫作"真温度先生"（Mr. Truetemp）的人接受了一次实验性的脑外科手术，主刀医师发明了一种微型装置，后者既是一个非常精确的温度计，同时也是一种能产生思想的计算装置。我们将该装置称为"计算温度计"（tempucomp）。主刀医师把它植入"真温度先生"的头颅内，该装置的每一个末端都比别针的针头还小，处于头皮下方，像传感器一样将有关温度的信息传递至大脑中的计算系统。该装置为他的大脑依次传递信息，使他意识到外在感官所记录的温度。假定该计算温度计非常可靠，因此"真温度先生"关于温度的思考都是正确的。总之，这既是一个可靠信念的形成过程，又是一个正确运转的认知装置。

　　最后，请想象"真温度先生"并不知道自己大脑被植入计算温度计，只是感到些微的困惑——为什么自己想到的总是温度；然而他从未用一支温度计来检验这些关于温度的想法究竟是否正确。由于计算温度计的影响，他总是不假思索地接受这些想法。因此，他想到并且接受现在的温度是华氏104度。事实确实如此。他真的知道这一事实吗？

出处：基思·莱勒，《知识的理论》。

　　Keith Lehrer. *Theory of Knowledge*. 1990. Boulder, CO：Westview Press，2000：163-164.

　　莱勒所考察的是一种被称作外在主义的认识论观点，其主张为了使真信念成为知识，在真相与信念之间就必须有一种适当的联系。什么叫"一种适当的联系"呢？一种可能是，信念根据一个可靠的认知过程或正确运转的认知装置而形成。（什么又叫作"一个可靠的认知过程"或"正确运转的认知装置"？）不过，莱勒透过该思想实验要问的是，假如某人并不知晓其信念是怎么样形成的又会怎样呢？这样的话，莱勒就认为此人不能说是知道："当'真温度先生'徘徊在皮马峡谷，脑海中浮现这一想法时，他知道气温是华氏104度吗？他并不知道为什么会产生这一思想，以及为什么这类想法几乎总是正确的。因此，当这一思想在他脑海中浮现时，他并不知道气温是华氏104度。"（187）我们必须要对自己的认知程序拥有怎样丰富的知识？而且如果关于我们认知程序的知识是通过认知程序获得的，它怎么可能成为知识呢？

另一种可能性是信念基于一个可信赖的第三人称来源而形成［参见《葛梯尔的史密斯与琼斯（和在巴塞罗那的布朗）》］。然而我们怎样才能判定它的可信程度？（特别是在你自己的认知程序或装置本身就是不可信赖的情况下呢？）这一来源必须具有怎样的可信程度呢？

LOGIC

逻 辑

说谎者悖论

假定克里特岛的厄庇美尼德告诉你："所有克里特岛人都撒谎。"那么这句话本身是真还是假呢？

出处：见于柏拉图的《厄庇美尼德篇》[1]，约公元前 500 年。

如果厄庇美尼德（一个克里特岛人）所说的是谎言（那么克里特岛人就并非都在撒谎），那么他所说的又会是真的；但是，如果他所说的是真的（即所有克里特岛人都撒谎），那么其声称的又是假的（这本身是个谎言）。然而，逻辑不是告诉我们一个陈述不能同时既真又假吗？那我们是否要拒绝逻辑呢？

克里特岛人是否都撒谎不能通过经验来确定。但厄庇美尼德是否说了"所有克里特岛人都撒谎"却是可以通过经验来确定的。而且，前者的真假并不依赖于后者的真假。所以，如果是基于实证经验的调查方法（而不按照厄庇美尼德所说的那样），那么克里特岛人就并非都在撒谎。于是当厄庇美尼德声称他们都撒谎时自己就在撒谎，这没问题。但是假如他们真的都撒谎又会怎样呢？那么厄庇美尼德自己就撒谎了。但这又意味着克里特岛人并非都撒谎……

也许在"真"与"假"之间存在什么东西是我们需要拒斥或修正的？（参见《理发师悖论》）

理发师悖论

设想某个村庄里有一位理发师（一个男人），他只给村里那些不自己剃须的人刮胡子。这位理发师要给自己刮胡子吗？

1　一般认为是托名柏拉图的伪作。——译者注

出处：源于古代不知名版本，由伯特兰·罗素推广开来，见于《数学原理》（*Principia Mathematica*）。

如果理发师不给自己刮胡子，那么就落入他要为其剃须之人的行列中——那么他又算自己刮胡须了。但倘若他给自己刮胡子，就不属于他要为他们剃须的那些人——所以他又没给自己刮胡子。我们又要问，是逻辑的什么地方出了差错吗？所描述的场景是否存在什么问题呢？

理发师和说谎者（参见《说谎者悖论》）都是所谓"自我指涉悖论"的典型案例。两个案例中出现的逻辑矛盾，是由于描述、陈述指向了自身。但这为什么会成为一个问题？（也许问题只是出于一种观察视角——也许"自我指涉"本身存在某种"不合法"的东西，就像从镜子中观看你自己一样。）还有，解决方法是什么呢？[1]

弗雷格的另一种思想者

假如我们发现有另一种存在者，他们的思维法则与我们的截然相反，且由此导致在实践上也带来相反的结果——这会怎样呢？……谁才是正确的呢？哪种认为某事为真的法则才与真实的法则相一致呢？

出处：戈特洛布·弗雷格，《算术基本法则》。

Gottlob Frege. *The Basic Laws of Arithmetic: Exposition of the System*. 1893. Montgomery Furth, trans. Berkeley: University of California Press, 1964: 14.

---

1 关于悖论的解决方案，读者可参考阅读罗素的"类型论"思想，以及策墨罗（Zermelo）提出的选择公理等。——译者注

弗雷格认为，逻辑法则引领人面向真实性，以及事件的真相——不论是"2+2=4"，还是"某人饿了"——无关于地点、时间以及言说它的个人。因此，弗雷格认为如果这样的存在者声称"2+2=5"，他们绝对是错误的；如果他们声称这是从他们的思维法则中"正确地"衍生而来，那整个思维法则就会是错误的。

不过，我们能否换一种思路，即存在着不同的思维系统——不同的逻辑？这怎么可能呢？什么样的思维法则会有一种不一样的逻辑？（比如，什么样的思维法则会导致 "2+2=5" 呢？）这样的规则仍然会是符合逻辑的吗？而且它们仍会与真实或真相有关吗？（什么是真实？存在各种不同的真实吗？）

出其不意的测试

假定一位教授宣布："这学期的某天，会举行一场出其不意的测试。"再假定有一些学生会进行如下推理：这场测试不会在学期的最后一天举行，因为若在此之前没有测试，那它只能在最后一天举行——这样的话他们就会预料到，也就没什么出其不意的地方了。它也不能在这学期的倒数第二天举行，同理，如果之前都没有测试，那就一定是在倒数第二天举行了（因为最后一天已经被先前的推理排除了）——同理，那样的话他们又会预料到，这也就不算是突然的测试了。这同样适用于倒数第三天、倒数第四天……他们由此推断，这场出其不意的测试是不可能举行的。他们对吗？教授所谓的举行一场出其不意的测试是不可能的吗？

出处：该悖论的原始版本涉及一场预料不到的公民国防训练（而非一场预料之外的考试），这归功于勒纳特·埃可勃姆（Lennart

Ekbom，瑞典数学家），其在 1939—1945 年的某个时间发现了它；另一个流行版本是关于一个罪犯在某天将被绞死。

无法预料的测试悖论在一段时间内唬住了哲学家，他们也针对其提出了很多"解决方案"。一种方法是，如果测试是在最后一天举行，那直到这天之前的时间里，它不都是无法预料（即出其不意）的吗？甚至，即使它是在除了最后那天之外的任何一天进行，对于那一天来说，它不都是没有预料到的吗？这算是解决悖论还是逃避它呢？

另一种解决方案将注意力放在其循环论证上：断定测试不能在最后一天举行需要一个前提——它不能在倒数第二天举行，而断定它不能在倒数第二天举行又需要一个前提——它不能在倒数第三天举行……由此观之，所预设的前提恰恰是所试图证明的结论（即它不会在最后一天举行）。这是对此问题正确的评价及解答吗？

还有一种方案是让我们考虑如果该教授说："这学期的某天将举行一场出其不意的测试——就是在今天！"（其随后就举行了测试。）那这就的确是出其不意的了。因此，似乎只要这一宣布发生在测试当日之前的某天，就会存在问题——为什么呢？

布莱克的两个球体

世界上（可以）存在两个完全相同的球体，在逻辑上是不可能的吗？我们可以设想两个直径一英里（1英里≈1.6千米）的球体，它们各自都由纯粹的铁元素通过化学方法制造，有着相同的温度、颜色等，且没有别的不同之处。其中一个球体的每一个性质与相关特征同时也是另一个球体的性质及特征。如果我所描述的在逻辑上是可能的，那么两个事物拥有完全相同的性质就并非是不可能的。

出处：马克斯·布莱克，《不可识别的同一性》。

Max Black. "Identity of Indiscernibles." *Mind*, 61 （1952）：153-164, 156.

布莱克设计的这个思想实验是对不可识别的同一性原则做出尝试性的驳斥。该原则主要是声称如果两个事物不可识别（它们拥有完全相同且没有不同的性质），那么它们实际上就是同一个事物；换句话说，不可能存在两个拥有完全相同性质的事物。

也许有人会认为只要两个球体在空间上占据不同的地方，那么它们就是可以识别的——因此，该思想实验即以失败告终。然而，这样一种思考预设了第三者的存在，用来确立每个球体"客观"位置的参照点。如果宇宙中除了这两个球体外别无他物，如实验所规定的那样，那么它们的位置只能通过彼此之间的关系来确定，而这样的位置会是完全相同的（比如每一个球体都与另一球体的球心相距两英里）。那么该思想实验成功了吗？

古德曼的绿蓝悖论

假设在一定时刻t之前，所有的绿宝石都被检测为是绿色。那么在时刻 t，我们的观察就支持所有绿宝石是绿色这一假说；且这与我们关于实证的定义相一致。我们的证据宣称，宝石 a 是绿色的，宝石 b 是绿色的，如此等等；并且每一个断言都与所有绿宝石是绿色的这一普遍假说相符合。目前为止，一切尚好。

现在我引入一个不如"绿色"这般熟悉的另一词语——"绿蓝

色"。它适用于所有在时刻 t 之前检测为绿色，而在时刻 t 之后检测为蓝色的事物。因此，在时刻 t，对于声称绿宝石是绿色的每条证据证言，我们都有一条平行的声称该宝石是绿蓝色的证据证言。而且，宝石 a 是绿蓝色的，宝石 b 是绿蓝色的，依此类推；每一个断言都与所有绿宝石是绿蓝色的这一普遍假说相符合。因此，根据我们的定义，所有随后检测的宝石为绿色的预测和它们都是绿蓝色的预测，都会被相同观察下得出的证据证言所证实。但若随后检测的一颗宝石是绿蓝色的话，它就是蓝色，因而非绿色。因此，虽然我们很清楚地意识到两个互不兼容的预测究竟是哪一个真正得到了证实，但根据我们目前的定义，它们是在同等程度上被证实的。

出处：纳尔逊·古德曼，《事实、虚构与预测》。

Nelson Goodman. *Fact, Fiction, and Forecast.* 4th ed. Cambridge, MA：Harvard University Press，1983：73.

哲学家传统上会对演绎（从普遍推出特殊）和归纳（从特殊推出普遍）进行区分。后者由于涉及预测，总是存在问题——因为不存在逻辑上的理由（由于涉及一个无法知觉的未来事件，故也没有经验数据）来证实这样的断言：太阳在过去总是升起并不具有逻辑上的必然性使其明天照常升起——我们所假定的仅仅是有关事实的规律性（参见《休谟的恒常联结》）。

然而，古德曼指出，只要演绎论断是正确地遵循规则，它们就被认为是有效的（即它并不考虑结论是否与事实保持一致——我们是出于论证的牢固性而非有效性才考虑真值）。由此他提出，什么样的规则才能证明归纳论断是正当的呢？"一块给定的铜能导电增加了声称其他铜能导电之说法的可信性，并且由此证实了所有铜都能导电的假说。"古德曼如此认为。"但是，"他继续说道，"现在房间里的一个男人在家排行老三这一事实，并不能增加现在房间里其他男人都排行老三这一说法的可信性，且也不能证实现在房间里所有男人都排行老三这一假说。"（73）他因此而建议，只有当归纳论断为"似律性"（lawlike）的表述（比如"铜能导电"）才能被（特殊的）过去的事例所证实。

虽然如此，过去的事例也可能证实两个互不相同的表述，就像他关于"绿蓝"的思想实验所表明的那样：时刻 t 之前，我们发现的每一颗宝石都是绿色/绿蓝色的，其都同等程度地证实了普遍表述"绿宝石是绿色的"及"绿宝石是绿蓝色的"；但在时刻 t 之后，所有绿蓝色的宝石都成了蓝色，我们这就似乎是既证实了"所有绿宝石是绿色的"，又证实了"所有绿宝石是蓝色的"。哪里出错了呢？

古德曼的答案是一个有关"似律性"的定义是必需的——"所有绿宝石是绿蓝色"显然并非一个似律性的表述。那么，什么样类型的表述才具有从特殊事例到普遍论断推理的有效性——或者说，什么是一个"似律性"表述呢？（是什么——若有可能的话——使"所有绿宝石是绿蓝色的"这一表述存在着问题？）

ETHICS

伦理学

7.1 伦理理论

古阿斯的戒指（柏拉图）

　　故事发生在古阿斯还在为当时的吕底亚统治者牧羊的时候[1]。一天，狂风暴雨、山崩地裂之后，在他放羊的地方，裂开一道巨缝。虽然眼前的一切使他震惊，但古阿斯还是潜了下去。他看见一具不似人形的尸首，除了手指上戴着一枚金戒指，身上别无他物。牧羊人戴上这枚戒指就离开了……在跟其他人坐在一起时，他不经意间把戒指对着自己往手心一转。他这么做了之后，周围的人都看不见他了，甚至继续谈论着，仿佛他已走掉了似的。他自己也感到莫名其妙，抚摸着戒指，再向外一转，就又能被别人看见了。察觉到这以后，他便再试验看看戒指是否真有神力以及如何触发：如果他把戒指对着自己转就会隐身，但若向外转则又现形。领悟到这一切后，他立即设法成为国王的一名信使。接着，他又和王后通奸，在她的帮助下，杀死了国王，篡夺了王位。

　　回过头来，若存在两枚这样的戒指，一枚交由一位正义人士佩戴，另一枚则给了一个不正义的家伙，恰如人们所想，两人都不会再坚持正义廉洁的正道，使自己远离他人的财物而不染指。当

1　吕底亚（Lydia），小亚细亚中西部一古国；古阿斯（Gyges），传说中吕底亚最后一任王朝美尔姆纳达的开创者。详见希罗多德的《历史》。——译者注

他能够做以下一切而不用担心会遭到惩罚时：顺手牵羊，私闯民宅，杀人越货，释放囚犯……这一切让他看起来就像是人群之中的"神"。这两人的行为再无二致，他们走上了同样的歧途。

出处：柏拉图，《理想国》。

Plato. *The Republic*，Book Ⅱ. 380-370 BCE. G.M.A.Grube，trans. Indianapolis：Hackett，1974. As reprinted in *Moral Philosophy: Selected Readings*. George Sher，ed. San Diego：Harcourt Brace Jovanovich，1987：235-243，237.

该思想实验的大背景，部分是探讨正义本身和为人正直的价值（为什么我们应做正确的事？），其他部分仍关注于何种制度的社会、何种方式的政府方才是最好的。为了回应这世上总是不义之人取得成功的说法，柏拉图的人物"苏格拉底"（他为柏拉图代言）认为不正义招致憎恶和争斗，而正义则带来和谐及分工合作——大至社会，小到个人都是如此。

于是"格劳孔"让苏格拉底想象他所描绘的上述情景。如果能不被人看见，那个正义之士就会和不义之人表现得一样坏，格劳孔认为（他假定人们会依照自己所相信的最大利益而行事，除非被强制），为人正义并不是我们最大的利益："每个人都明白不正义比正义对自己来说更有好处可图。"（237）

但是，如果知道自己不会被抓住，我们就都会为所欲为吗？若是如此，这是否证明做好人对我们来说并不是件好事？（这种情况下，为什么我们还应该做正确的事？）难不成它只是表明我们并不知晓，或不能贯彻对我们而言真正值得之事吗？

戈德温的芬乃伦主教

就一个宽泛而普遍的观点看，我和我的邻居都是人，因此我们被赋予同等的关注、待遇。但是实际上，我们中的一人很有可能要比另一人更有价值、更为重要。人之所以比兽有价值是因为其具有更高的性能，他能成就更为纯粹而完善的幸福。同样地，声名赫赫的康布雷大主教（芬乃伦）比他的男仆更有价值；如果他的住所失火，他们两人中只有一人的性命能被维持下来，我们大多数人都会毫不犹豫地选择前者应得到优先照顾。

但是选择也有另外一种根据……我们并非单就一两个能够感知的存在者来考虑，而是联系到整个社会、整个民族，某种程度上是整个人类之大家庭。由此考虑，被优先救治的生命应该是更有助于普遍的善。假定那一时刻芬乃伦正在构思他那道德巨著《忒勒马科斯》[1]，通过拯救芬乃伦的生命，我将（已经）从这部书中千万次地获益——通过熟读这部著作，其纠正了我的许多错误，并为我的种种不幸予以抚慰。不仅如此，我的受益将远远扩展；对于每一因此得到治愈、从而成为更好的社会成员的个人，他们会致力于改善及提升他人之幸福、知识等。

假定我自己是那个男仆……

假定那个男仆是我的兄弟、父亲或者恩人……

出处：威廉姆·戈德温，《政治正义论》。

William Godwin. *Enquiry Concerning Political Justice*. 1798. As edited by K. Codell Carter. London：Oxford University Press，1971：70-71.

1　芬乃伦于1699年出版的小说，忒勒马科斯为《荷马史诗》中奥德修斯之子。——译者注

戈德温的思想实验指出了几个要点。首先，一些人比另一些人在本质上就更有价值，因为他们拥有更强大的内在能力去成就"纯粹而完善的幸福"（70）。这一观点和他同时代的杰里米·边沁[1]的观点正好相反，后者声称弹球游戏基本上和诗歌一样好［《道德与立法原则引论》（*Introduction to the Principles of Morals and Legislation*），1789］；不过J.S.密尔[2]则认为这的确有区别（和戈德温一样），并提出做痛苦的苏格拉底也要好过做一只快乐的猪［《功利主义》（*Utilitarianism*），1861］。是吗？我们究竟是通过什么标准才判定一个人的幸福要胜过其他人的幸福？而且我们怎么可能做出这样一种衡量？也许快乐的猪才是真正幸福的。的确可能，密尔也会承认这一点，但他认为任何人只要既知道低级的快乐（比如感官上的）又知道高级的快乐（比如智力上的），他就会选择那更高级的快乐。但是有人能真正知道一只猪——一只真正幸福的猪的快乐吗？（参见《内格尔的蝙蝠》）

戈德温的第二个要点是根据是否有作用，即从他们对于"普遍的善"（70）的贡献来看，认为一些人（比如芬乃伦主教）比另一些人更有价值。但我们能确信（而且如何确信）芬乃伦会对他人的幸福做出更大的贡献吗？况且，从最伟大的普遍之善来考虑制定出的道德律，能引领个人走向幸福吗（如功利主义所认为的那样）？

戈德温的第三个要点引出了对于偏袒的道德许可性问题［参见《一视同仁的世界（唐纳森）》］。他声称芬乃伦的生命要远重于

1　杰里米·边沁（Jeremy Benham），英国功利主义哲学家，提出最大幸福原则与计算幸福的方法。——译者注

2　J.S.密尔（J.S.Mill），旧译"穆勒"，英国哲学家、经济学家，发展了边沁的功利主义。——译者注

他自己，甚至他任何一位亲属的性命，仍旧是因为前者更有价值：尽管他私人上仍存感激和爱意，但"公正，真正纯粹的工作，依然会选择那最具价值的一者"（71）。但为什么公正就比私人的感激和爱意更重要？

摩尔的两个世界

让我们想象一个极其美丽的世界。用尽你全部的想象力方能领略它的美丽；它有着地球上你最为盛赞的一切事物——高山、河流、大海，青松翠柏、落日余晖，以及月亮和星辰。想象这一切事物以一个极为精妙的比例构成，彼此之间没有冲突，各自都致力于呈现整个世界的美。然后，再想象一个你所能想到的最为丑陋的世界。想象它就如一个垃圾堆一样，充斥着令我们感到恶心的那些东西；然而不论出于什么原因，其整体依然完整，不存在任何残缺……当然，不论是过去还是将来，不可能会有人居住于其中一个世界，也不可能有人欣赏一者的美丽或憎恶另一者的丑陋……假定它们在人类可触及的视野之外，即便如此，坚持认为存在一个美丽的世界比存在一个丑陋的世界要好，这是无理性的吗？是否在所有情况下，不论我们对这两个世界做出怎样的衡量与比较都是不恰当的呢？

出处：G.E. 摩尔，《伦理学原理》。

G.E. Moore. *Principia Ethica*. 1903. Cambridge, UK: Cambridge University Press, 1959: 83-84.

摩尔通过设定两个世界来质疑以下观点，即声称只有和人类存在有关的事物才能说是好的。如摩尔所示，如果他所描绘的美丽世界必须被认为比那个丑陋的世界更好——尽管事实上没有人见过这两个世界，那么"我们的最终结论将不得不涵盖一些超越人类经验之限度的东西"（84）。（比如说？）这就暗示享乐主义认为（人的）幸福或快乐就是纯粹的好，这是必须予以拒斥的。

对摩尔思想实验的一种批评是其逻辑上的不可能：如果美丽世界真是美丽的，那它一定被某人——哪怕是想象出的某人——见过；否则它怎么能被称作是美丽的呢？换言之，美这一概念由于定义本身，就必然蕴含了人的存在。（因此，我们就该接受享乐主义吗？）

妄想的虐待狂（斯马特）

让我们想象宇宙中只存在一个有感觉的生物，他错误地相信也存在其他有感觉的生物且他们正遭受着剧烈的折磨。这想法非但未使他感到苦恼，反而通过想象这些折磨给他带来了巨大的愉悦。这种情况比宇宙中完全不存在有感觉的生物是更好还是更糟呢？而且如果宇宙中只存在一个有感觉的生物有着和前述一样的信念，只不过他为自己的同胞正遭受折磨的想象而感到悲伤——这是否就更好呢？
出处：J.J.C. 斯马特，《功利主义伦理学体系纲要》。

J.J.C. Smart，*An Outline of a System of Utilitarian Ethics*. Melbourne：Melbourne University Press and Cambridge，UK：Cambridge University Press，1961：16.

斯马特认为宇宙中有一个妄想的虐待狂这一选项更为可取。该思想实验因此表明了快乐本质上是好的（内在、本身的好）。斯马特认为："快乐是坏的，只有当它对拥有快乐的人本身以及其他人造成了伤害时"（17）——而那位虐待狂仅仅是在妄想，没有伤害到谁。所以如果一个真实的人从折磨他人中获得快感，是否必须说，只关注于施虐者的体验来看，他或她的快乐也是一件好事喽？

如果不是的话，那么究竟什么是好——除了快乐之外，我们还能将什么称为本身是好的？或者并不存在什么本质上的好？就是说，也许事物的好只是工具论上的，即只与它们所带来的效果相符合（参见《摩尔的两个世界》）。但我们怎样才能确定哪些效果是好的呢——如果不是通过感到愉悦，那又是通过什么呢？

富特的气体

试举一例，假如医院里有五个病人，通过配制一种特定的气体能使他们的性命得到拯救，但这会不可避免地释放出致命的气体进入另一个病人的病房，出于某种原因，我们没办法将该病人转移。

配制这种气体在道德上是被允许的吗？

出处：菲莉帕·富特，《堕胎问题与双效原则》。

Philippa Foot. "The Problem of Abortion and the Doctrine of the Double Effect." *Oxford Review*, 5（1967）：5-15，13.

通过该思想实验，富特意图表明在伦理决策中，积极义务（提供帮助）和更大的消极义务（免除伤害）之间的区分，比预期效果与非预期效果的区分更为重要。后一个区分是被称为"双效原则"的重要组成部分，为罗马天主教所提倡，尤其适用于有关堕胎的决策中。该原则区分了两种效果——预期效果意味着预期并验证一个人的行为，而非预期效果则并未预期一个人的行为，但仍可预见其行为的后果——评估一项行为的道德许可性往往遵照前者而非后者。因此，一位妇科医生为一位怀孕妇女实施子宫切除手术在道德上是被允许的；胎儿的死亡仅仅是这一预期行为非预期但可预见的后果。许多人批评该原则不过是文字游戏，并指出它很大程度上是依赖于你怎样描述自己的意图（你是打算"拯救那位母亲"还是"杀死那个胎儿"）。

涉及富特所描述的情景，根据双效原则，配制可以拯救五个人性命的气体在道德上就是被允许的——另外一人的死亡不过是非预期的副作用。但富特认为，这似乎是错误的。运用积极义务和消极义务的分析就能揭示两者之间潜在的冲突——救助那五人还是伤害另一人，而且由于我们在道德上倾向于免除伤害多于提供帮助（消极义务"强于"积极义务），所以我们的道德决策必须如一个人直觉上所期望的那样——不去配制那种气体。

不过，符合我们的直觉对于选择哪种伦理决策是一个好的评测标准吗？换句话说，仅仅因为义务方式给了我们直觉上期望的答案，这能成为优先选择它的一个好理由吗？（而且如富特所示，我们的"直觉"是否就是告诉我们不去配制气体呢？）

勃兰特的洞穴探险家

设想有一群洞穴探险家（热爱洞穴探险的人们）在一个海边的洞穴探险。突然涨起的潮水灌进了洞穴，如果他们不立即逃脱就都会被溺死。不幸的是，第一个试图钻出洞口的人实在太胖，正好头朝洞外卡在出口处无法动弹。团队中的某人带着一捆炸药。或者他们杀死这个胖子——把他炸飞，或者他们全部（包括这个胖子在内）都将被溺死。

这些洞穴探险家们该怎么办呢？

出处：理查德·勃兰特，《谋杀的道德准则》。

Richard Brandt. "A Moral Principle About Killing." In *Beneficent Euthanasia*. Marvin Kohl, ed. Buffalo, NY: Prometheus Books, 1972: 106-114, 108.

一般认为，杀死一个无辜的人在道德上是错误的。勃兰特的实验就是为了指出这一观点存在的缺陷。勃兰特认为，根据这一观点，那么所有的洞穴探险家都得被溺死。勃兰特提出了一个替代性的道德原则，该原则涉及对不同的道德义务进行比较：一个人有义务不去杀害（无辜的）人，除非存在一个更强的义务需要他杀人才能履行。相应地，如果洞穴探险家拯救自己的道德义务强于不杀害卡住的人的道德义务，而且若不这样做他们就不能获救，那么他们杀死那个胖子在道德上就是被许可的。［参见《恐怖分子的坦克（贾米森和里根）》］他们拯救自己的义务要比不杀害无辜的义务更强吗？如果是这样的话，根据又是什么呢？

作为展现功利主义原则的例子（应遵循普遍的原则而行动——为绝大多数人提供最大的善），勃兰特的准则或许会为默许侵害个人权利的行径而遭到批评——在该案例中涉及的是生命权。这些批评家会选择不去炸死那个卡住的人，因为一个人的生命权优先于那所谓更大的善。然而，勃兰特回应道，如果你不炸飞他，那剩下那些人的生命权（并不仅仅是一个人）都会被侵犯——而且这当然更糟（假定我们把每个人的死亡都视作平等或相当的，那么每个人都拥有平等的生命权）。

勃兰特的准则以及普遍的功利主义决策，都可能因为忽略了像公正或慈爱这些道德品性而遭受批评。毕竟，炸飞那个卡住的胖子，既不公平也不仁慈。对这种批评能有什么回应呢？

在南美洲的吉姆（威廉姆斯）

　　吉姆发现自己正位于一个南美洲小镇的中央广场上。有二十来个印第安人被捆绑着靠在墙上，他们大多数显得极为害怕，也有少数流露出挑衅的神情，而在他们前面站着几个全副武装的军人。一个穿着带有污渍的卡其布衬衫的壮汉（显然是这里管事的队长）在对吉姆进行了一番盘查后，队长确定他是为了植物学的考察才偶然经过这里，便向他解释：这些印第安人是随机抓捕来的原住民，由于最近一系列的反政府行动，他们将被执行死刑以儆效尤——让那些可能的反抗者明白反抗的下场。不过，既然吉姆是来自大陆那边的尊贵游客，队长很乐意为他提供一项特权——请他亲自杀死其中一个印第安人。如果吉姆接受的话，出于对这特殊时刻的纪念，其他印第安人会被无罪释放。当然，如果吉姆拒绝的话，那就没有什么特殊的时刻，而队长佩德罗也会做他本来要做的事——将他们全部处死。吉姆绝望地回想着那些冒险小说里的场景，寻思着能否搞到一把枪，把队长佩德罗制服以要挟余下的士兵。不过就目前的机会来看，很显然这些想法根本没有意义：任何反抗的举动都意味着所有印第安人都会被处死，包括他自己。那些靠在墙上的人和周围的一些居民似乎都明白了目前的处境，并且都明显渴求他能接受这一要求。他该怎么办呢？

出处：伯纳德·威廉姆斯，《功利主义批判》。

Bernard Williams. "A Critique of Utilitarianism." In *Utilitarianism: For and Against*. J.J.C. Smart and Bernard Williams, eds. Cambridge, UK: Cambridge University Press, 1973: 77-149, 98-99.

　　威廉姆斯设置的这一场景是为了检测功利主义的适当性。仅仅只考虑后果（一个人去死总要胜过二十多个人去死，因此吉姆应该杀掉一个印第安人），威廉姆斯认为，功利主义忽略了我们是在为我们自己的行为负责（而不是为别人的行为）。功利主义只关注是X更好还是Y更好；威廉姆斯则认为对于选择X或是Y的当事人来说这并没有区别。然而，倘若吉姆拒绝的话，佩德罗就会杀掉二十多个人，难道吉姆不该为此负责吗？威廉姆斯不会这样认为：吉姆自己的拒绝并没促使佩德罗杀死二十多个人，是佩德罗自己该为他所做的负责。那么吉姆就不用为这些原住民的死负一点责任吗？

诺齐克的体验机

假设存在一台体验机，它能给你带来任何你所渴望的经验。天才的神经心理学家能够通过刺激你的大脑，使你认为自己正在撰写一部巨著，或是交上一位朋友，又或是在阅读一本有趣的书。然而实际上，你不过是一直浮在一个水缸里，大脑连接着电极……如果你担心错过那些更值得体验的经历，我们可以假定存在专门研究许多其他人生活经历的公司。你可以从他们存放这些经验的资料室或自选单里随意挑选，比如，选择随后两年的生活体验。这两年过去后，你有十分钟或十小时的时间走出水缸，来选择你接下来两年的生活体验。当然，你在水缸里时并不知道自己是在营养缸里；你会认为一切都是真实发生的……你愿意进入这台机器吗？

出处：罗伯特·诺齐克，《无政府、国家与乌托邦》。

Robert Nozick. *Anarchy, State, and Utopia*. New York：Basic Books，1974：42-43.

诺齐克问的问题其实是："除了我们生活的内在体验外，还有什么对我们来说是至关重要的？"（43）他设想了三个可能的答案。也许对某些事情，去做的欲望比做的体验更为要紧；体验机似乎不能应允这些欲望。（但倘若体验机能够——假如体验机不仅能够提供经验，同时也能满足对于这些经验的欲望——又会怎样呢？）或许要紧的是成为某一类人的欲望；漂浮在体验机的水缸里的家伙可不能说是勇敢的、善良的、聪明的、诙谐的或是有爱的人（43）。［如果体验机不行的话，诺齐克建议"想象一台转换机，能够把我们变成我们想成为的任何类型的人"（44）。］而第三个可能是存在某些超越的体验；而体验机被限定为只能提供人类想得到的经验。诺齐克推断我们不愿意进入体验机里是因为"我们所渴求的只是过（一个主动词）我们自己的生活，与真实的实在保持接触"（45）。

　　诺齐克的思想实验的大背景是探讨我们可以对彼此做什么的道德限度。通过该实验，他质疑了享乐主义及所派生的功利主义观点——前者认为这些限度的制定只需考虑个人的体验、快乐或是痛苦；而后者通过对幸福进行某种计算，提倡我们应该致力于促进绝大多数人最大的善。由于除了我们自身的（快乐）体验外，仍然有另外的东西对我们来说至关重要。因此，诺齐克认为当我们决定什么行为在道德上是可允许的时候，必须要把这另外的东西考虑进去。（那么这"另外的东西"会是什么呢？）

范伯格的利己主义者

　　想象有这么一个叫作"琼斯"的人。首先，他缺乏知识上的好奇心，他没有纯粹追求任何一门知识的渴望，因此对那些科学、数学和哲学上的问题完全漠不关心。其次，自然界的美丽也不能打动他的心灵：秋天的落叶、白雪皑皑的高山、奔腾翻滚的海洋，依旧令他不为所动；漫步于春天清晨的田野与冬天的滑雪冒险运动，对他来说是同样的无聊。除此之外，我们可以进一步假定，琼斯也不为任何艺术所感染：小说是枯燥的，诗歌令他煎熬，绘画完全没有意义，而音乐就只是些噪声。而且琼斯对像棒球、足球、网球这类运动完全没有激情——不论是作为参与者还是观众。游泳对他来说就像是柔软体操水中形式的痛苦版，晒太阳只会引发皮肤癌。跳舞只是男女合校的愚蠢制度，交谈是在浪费时间，而异性就是一个令人乏味的秘密。政治是欺骗，宗教即迷信；而那成千上万被剥夺了基本权利的穷人之悲惨命运，就和上面列出的其他一样不值一提。最后再假定琼斯也不具有手工业、制造业乃至商业方面的天赋，而他也不为这一事实感到后悔。

那么琼斯究竟对什么感兴趣呢？他一定对什么东西有着欲望。事实上，他确实如此。琼斯拥有一股压倒一切的激情，即完全拥有自己的快乐。他生命中独一无二的欲望就是要快乐。

琼斯能够满足自己想快乐的欲望吗？

出处：乔尔·范伯格，《心理利己主义》。

Joel Feinberg. "Psychological Egoism." In *Reason and Responsibility: Readings in Some Basic Problems of Philosophy*. 3rd ed. Joel Feinberg, ed. Encino, CA: Dickenson, 1975: 501-512, 505.

心理利己主义是这样一种理论，它声称我们从来且只是被自身利益、自己对快乐的欲望所驱使，因此我们并不能够具有纯粹的利他欲望或行为。哲学家对心理利己主义感兴趣是因为如果它是真的，那么许多关于我们应该做什么的理论都是没有意义的了——

在什么意义上才说我们应当做X，如果我们不能做X的话（因为我们只能做Y）？（也就是说，"应当"蕴含"能够"，即"应当蕴含能够"原则[1]。）更具体地说，如果心理利己主义是正确的（我们遵照自身的利益而行动），那么美德伦理学（我们应按照某些确定的美德——比如诚实、慷慨——来行动）、功利主义伦理学（我们应为了绝大多数人最大的善而行动），以及其他学说都成了有趣的智力游戏，而不再是为道德所允许的人类行为做出的有益描述。

范伯格提出该思想实验是为了证明心理利己主义是站不住脚的，因为他认为琼斯不能满足自己想快乐的欲望。范伯格声称，人们只有当他们渴求除了自己快乐外的某事才能快乐。而且既然许多人都是快乐的，那么它就说明许多人确实渴求一些并非自身快乐的东西。因此，心理利己主义是错误的。

范伯格的声称正确吗？我们真的只有渴求除了自身快乐以外的东西才能快乐吗？吊诡之处在于，琼斯命中注定不快乐是因为他唯一的欲望就是快乐？让我们假设，假如史密斯确实欲求有关自然、艺术或是运动的知识——但只是因为这些东西让她感到快乐，这又会如何呢？如果她确实感到快乐，那这岂不又支持心理利己主义而驳倒了范伯格的论断吗？

贾米森和里根的电锯

设想你从一位朋友那里借了一把电锯，并且承诺无论何时，只要他需要的话就会归还。想象这位朋友突然出现在你家门口，醉态

---

1 此即康德所提出的自主性原则。——译者注

十足，旁边站着一个缠着绷带的明显已被狠狠修理过的可怜家伙，看起来感到极为恐慌。这位朋友舌头打战地说道："我现在就要我的电锯。"在这种情况下，你应该把电锯归还给他吗？

出处：戴尔·贾米森和汤姆·里根，《有关科学实验中使用动物的伦理学》。Dale Jamieson and Tom Regan. "On the Ethics of the Use of Animals in Science." In *And Justice for All: New Introductory Essays in Ethics and Public Policy*. Tom Regan and Donald Van De Veer, eds. Totowa, NJ: Rowman & Allanheld, 1982: 169-196, 179.

贾米森和里根通过该实验[1]意图探究道德的绝对性所带来的影响。他们的答案是不应该归还电锯。然而他们又声称，承认一条道德准则存在例外并不意味着无须严肃认真对待它。这不过是表明存在其他的考虑，对决定一个人应当做什么的道德准则施加了影响。在该案例中，除了一个人已经做出的承诺外，其可能的后果也应予以考虑。不过也许有人要问，什么时候后果会优先于承诺呢？所有绝对的道德准则都应该让位于后果吗？

该思想实验（当然包括其他类似的在内）也能被视为是两种对抗的价值发生了冲突：在该案例中，一个人必须在遵守承诺和防止伤害之间做出选择；无论他选什么都会是"错的"，所以一定要选择的话，就应当"两害相权取其轻"。（不过，人们怎么才能确定到底两害之中哪一种的伤害更轻呢？）

---

1 该实验来源于柏拉图："假设我的一个朋友在心智正常的时候把武器交给我保存，后来他疯了时又来跟我要，我应该把武器还给他吗？"（《理想国》卷一）不过这个翻版要更有趣一些。

恐怖分子的坦克（贾米森和里根）

　　设想一个恐怖分子占据了一辆装备精良的坦克，且有计划地杀害那四十五个被他拴在一面墙上的无辜人质。我们尝试谈判、寻求妥协已经失败了。如果我们什么都不做，这个坏蛋就会杀死所有的人质。在这种状况下，唯一合理的方案就是：炸飞那辆坦克。但是更复杂的问题在于：恐怖分子的坦克里有一个被绑架的小女孩，任何能够炸飞坦克的武器都会杀死这个孩子。这个小女孩是无辜的。因此，炸飞坦克就意味着伤害无辜，一个完全不会从这场恐怖袭击中得到任何好处的无辜者。我们应该炸飞那辆坦克吗？

出处: 戴尔·贾米森和汤姆·里根，《有关科学实验中使用动物的伦理学》。

Dale Jamieson and Tom Regan. "On the Ethics of the Use of Animals in Science." In *And Justice for All: New Introductory Essays in Ethics and Public Policy*. Tom Regan and Donald Van De Veer, eds. Totowa, NJ: Rowman & Allanheld, 1982: 169-196, 180.

　　贾米森和里根用这样一个思想实验[1]来探讨在何种情况下伤害

1　他们发展了罗伯特·诺齐克在《无政府、国家与乌托邦》中的例子，以无辜人士为盾牌的威胁——"无辜的人们被绑在侵略者的坦克前面"（35），而诺齐克展现的是将无辜的威胁复杂化："如果某人举起第三个人向你掷来，要让你落入万丈深渊，那么这第三者既是无辜的又是一个威胁；但若他自己愿意这样，那么他本身也是一个侵略者。即使如此，那个被掷的人并不会因此而丧命，你是否可以用激光枪击碎这坠落的躯体——在它击中并杀死你之前？"（34）诺齐克论证道，尽管非侵略原则禁止使用暴力对待无辜的人，但仍有不同的原则可以适用于拿无辜者作为威胁的盾牌（比如绑在坦克前面的人）或无辜的威胁者（比如掷向你的那个第三者）。他接着问道："如果一个人在抗击侵略者时伤害了一个作为盾牌的无辜者，这个无辜者可以反过来进行自卫吗（假设他既不能逃跑也不能反抗侵略者）？这两人之间的互斗不都是在进行自卫吗？同样，如果你对一个威胁着你的无辜者使用武力，那你是否因此就变成了威胁他的无辜者，因此他也可以正当地对你再使用武力（假设他能这样做，却不能阻止他原先的威胁性）吗？"（35）

无辜的人在道德上是可允许的（以驳斥认为不伤害无辜的人的道德原则是绝对的这一观点）。他们认为，"伤害一个无辜的人是错误的，除非有理由相信这是唯一切实可行的使更多无辜者免遭同样的伤害的方法"（180）。所以相应地，炸飞那辆坦克是为道德所允许的（参见《勃兰特的洞穴探险家》）。

他们承认如何定义"同样的伤害"是困难的："这关系到何种程度的伤害会损毁一个完好无缺的人，且由此引发所受伤害到底有多严重，以及两种不同或更多不同的伤害是否是'同样的'等问题。"（180）用来衡量伤害的标准是什么？究竟多少无辜者才叫"多"这同样也很难决定——"如果避免两个无辜的人死亡的唯一办法是杀死一个人，我们还应当这样做吗？"（180）但倘若通过杀死一人所避免的并非两条人命，而是两百或两百万人的生命，又该怎样呢？

汤姆森的有轨电车难题

假设你是一位电车司机。当电车驶入弯道时，你突然发现前方有五名路轨工人正在整修铁轨。电车此时正在穿越峡谷，旁边一侧就是万丈深渊；如果你不想撞倒那五位工人，你就必须立即停下电车。你拼命踩着刹车——天哪！刹车居然在这时候失灵了。然而就在这时，你突然发现轨道右侧有一条岔路。你可以将电车驶入侧轨，以拯救路轨正前方的那五人。不幸的是，这条岔路上也有一名路轨工人。他不比那五人有更多的机会能及时从路轨逃脱，所以如果你将电车朝他开去就会杀死他。你让电车转弯在道德上是可允许的吗？

出处：朱迪丝·贾维斯·汤姆森，《有轨电车难题》。

Judith Jarvis Thomson. "The Trolley Problem." *Yale Law Journal*, 94（1985）：1395-1415，1395.

根据最先提出有轨电车难题的菲莉帕·富特的观点，选择是在杀死一人和杀死五人之间进行；在消极义务相互竞争的情形下（参见《富特的气体》），特别是在免除伤害和杀死他人的义务之间，人们应该选择危害较轻的一者。

尽管如此，汤姆森并不同意刚才的说法，她极为广泛而深入地发展了有轨电车难题：想象弗兰克只是电车上的一名乘客，不过司机因为发现刹车失灵而吓昏了过去；如果弗兰克选择不让电车转弯，很难说是他杀死了那五人——因为在那种情况下，他本可以什么都不用做。所以选择是在杀死一人和任由五人死亡之间进行。尽管汤姆森赞同有人使电车转向，因而杀死那一人，她也指出这对下述的通常观点是一种挑战，即谋杀比放任人死亡更糟。〔参见《浴缸里的史密斯和琼斯（拉塞斯）》〕

除此之外，汤姆森认为我们还应该考虑当时的环境。举例而言，那六个人是否都有同样的权利要求不被电车撞倒？不过这个问题实在问得古怪，所以汤姆森让我们想象另一种情况："假定有六个将死之人。五个在海滩上站成一排，另外一人站得离海更近一些。退潮的海面漂着一块神奇的石头，治疗之石……它能治愈你患有的任何疾病。那独自站着的一人要想治愈必须使用整块石头，而另外五个每人只需使用五分之一便可。然而事实上治疗之石正随着海浪漂向那一人，如果不改变它的漂流方向，那么这个人就会得到它。我们碰巧在附近游泳，所处的位置可以使治疗之石偏向另外五人所在的海滩。"（209）[1]当且仅当所有六人拥有同样的要求得到治疗之石的权利，汤姆森认为我们会让它从那一人那里漂向另外五人的地方；但如果那一人本来就拥有治疗之石，我们就不会这样做。与此类似，假如电车轨道上的六人都被明确告知可能承受的风险，且因可能的风险而拥有优厚的待遇和保险，此外那天他们是通过抽签决定了各自的工作岗位——这样的话又该如何呢？或者，假如那一人是附近医院的病人，他把餐桌放在电车轨道上享用午餐，因为市长已告知大家该铁轨已被废弃不用，完全可以当作享用野餐的安全地点（附带一句，市长正是车上的那位乘客弗兰克）——这样的话又该怎样？除了所需考虑的权利外，还有别的什么标准吗？那些内在价值和工具价值又该如何考虑？（参见《戈德温的芬乃伦主教》）

汤姆森的器官移植难题

假设你是一名外科医生，一个真正了不起的外科大夫。在你擅长的所有事情中，最拿手的就是器官移植手术；由于你是一位真正有本事的外科医生，因此你移植的器官总是能达到预期效果。现在，你有五个需要器官移植的病人：两人需要换肺，两人需要换肾，剩下那人需要做心脏移植手术。如果他们今天得不到这些器官，他们就都会死；如果你能为他们找到这些器官并完成移植手术，他们就都会活下来。但是去哪找那些肺、肾，以及心脏呢？就在时间快要用尽的时候，突然有一份报告呈到你面前——有一位

1　Judith Jarvis Thomson. "Killing, Letting Die, and the Trolley Problem." *The Monist*, 59（1976）: 204-217.

年轻男士来你的诊所做年检，恰好具有符合的血型并且健康状况很好。看起来你有一个可能的捐赠者。你所需做的就是把他解剖，将他的身体各部分分派给急需移植的那五个病人。你向他询问，然而他答道："抱歉。我感到非常同情，但你说的方法绝不可行。"若你强制进行手术在道德上是可允许的吗？

出处：朱迪丝·贾维斯·汤姆森，《有轨电车难题》。

Judith Jarvis Thomson. "The Trolley Problem." *Yale Law Journal*, 94（1985）：1395-1415，1396.

汤姆森认为我们会断然说"不"，但至于为什么电车司机让电车转向拯救那五人在道德上是可允许的（参见《汤姆森的有轨电车难题》），而外科医生进行手术拯救那五人则不为道德所允许呢？汤姆森认为一个合理的答案要诉诸康德主义的观念，即绝不能把人仅仅当作手段。[1]很明显，外科医生只是把那一人视作拯救另外五人的手段。特别是，外科医生会用到此人的身体器官，但明明此人本身对这些器官拥有完全的权利。而这一人的权利要"胜过"那五人的共同利益。（真的吗？参见《勃兰特的洞穴探险家》）这并不类似于有轨电车难题中的案例，即可以将前进的电车驶向只有一人的侧轨。（不过，汤姆森又假设了另一种情况：你站在一座桥上俯瞰着电车轨道，由于你懂得有关电车的知识，所以你知道驶来的电

1　可以参考C.D.布罗德的案例［《伦理理论的五种类型》（*Five Types of Ethical Theory*），1967］。其描述了一个被隔离的伤寒病菌携带者："某种程度上，我们隔离他，仅仅是因为把他当作其他人的传染之源。但若我们不隔离他，那么我们又在某种程度上把其他人当作使此人培养病菌的手段。"（132）布罗德认为，这表明不可能完全遵照康德的道德原则，即永远不要把人视作实现目的的手段，而是要他们自身作为目的。在布罗德所描述的场景里，不论采取何种行动——隔离或释放，都会违反康德的道德原则。

车失去了控制。唯一能救轨道上那五人的办法是把你旁边的一个胖子推下去，让他正好掉在轨道上从而阻止电车前进。或者假设发散的铁轨组成了一个封闭的环状而非一个叉状，你可以把轨道切换至那一个人的方向，电车通过撞倒这一人而停下来，你因此就拯救了那五人。）

除此之外，汤姆森认为还有另外一个不同之处可以用来解释为什么外科医生不能施行手术而电车司机却可以转向：在有轨电车难题中，司机是把一个预先存在且不可避免的威胁（失控的电车）从一个较大的群体（五个人）那里转向了一个较小者（一个人）；然而在移植手术案例中，外科医生是对那个较小的群体制造了一个新的、完全不同的威胁（身体被解剖本来就是完全不用发生的）。（但是无论如何，这一个人最终还是要死的啊……）

一视同仁的世界（唐纳森）

设想一个理想中的世界，不偏不倚是那里的绝对准则。这个世界被称作"一视同仁的世界"[1]，住在那里的居民，他们那与生俱来的欲望不会滋养任何一种道德上的偏袒。这个世界对所有人都是一视同仁的……

他们没有朋友，因为所有人都受到同等的关心与尊重。在一视同仁的世界，如果一个人面临一个悲剧性的抉择——是救他自己的儿子还是救一个陌生人，首先要试图确保的是他选择的公正性。事实上，只要时间允许，他会采用一种随机生成结果的程序，比如掷硬币……

---

1 原文为作者的自造词"Equim"，意指平等、公正。——译者注

家庭、民族，以及社会团体或者不存在，或者存在也只是出于提高效率的目的……

一视同仁的世界里所有幸福之和要比现在这个世界多那么一点。假设这不仅对整个社会，而且对每个个人来说都是真的……

假定你可以通过服下一粒药丸，重置欲望的构造方式，变得像一视同仁的世界之居民那样。你会服下这粒药丸吗？你应该服下吗？

出处：托马斯·唐纳森，《道德上的特殊关系》。

Thomas Donaldson. "Morally Privileged Relationships." *Journal of Value Inquiry*, 24（1990）：1-15，4-5. Copyright © Kluwer Academic Publishers. Reprinted by permission of Kluwer Academic Publishers and the author.

唐纳森一视同仁的世界背后所要探究的问题是："偏袒能在道德上得到辩护吗？"他预料大多数人都宁愿选择我们现在的世界而不是这个一视同仁的世界："很少有人愿意居住在一个没有朋友，没有邻谊，也没有家庭关爱的世界，即使考虑到它总体上的幸福会更多一些。"（5）他无疑是正确的——我们大多数人都不会选择居住在一视同仁的世界。

但我们不应该如此吗？难道一视同仁的世界整体上更多的幸福不可取吗？或者说不偏不倚的公正不是更好吗？事实上，我们所谓"与生俱来的"偏袒，或对特定个人的偏爱，并不仅仅是一个偶然吗？尽管我们至少可以在"可供选择的"范围内"选择"自己的朋友，但我们注定不能选择自己的家庭成员。这样一种"偶然"不正是道德的重要依据吗？

一个为偏袒提供辩护的论证诉诸"承诺、社会结构的义务，以及契约"（3），因此，一个人为道德所"允许"去"偏爱"那些他做出过承诺或与之订立契约的人。但为什么要对那些特别的人做出许诺——你如何为最初的偏袒提供辩护呢？另一个诉诸"社会公益"的论证提供了可能的答案，即这是由某些特定的忠诚与习俗（比如友谊与亲情）所造成的后果，因此，在道德上是允许一个人偏爱自己的孩子胜于别人的孩子。然而，就唐纳森一视同仁的世界来看，一个没有这些忠诚和习俗的世界会带来更大的社会公益（他的说法正确吗？参见《戈德温的芬乃伦主教》）。这样的话，我们似乎更愿意选择的偏袒怎样才能在道德上得到辩护？

7.2 应用伦理学

汤姆森的小提琴家

请想象以下场景。一天早上，你醒来后发现自己躺在床上，旁边紧挨着一个昏迷不醒的小提琴家。一个不省人事的著名小提琴演奏家。他被诊断患有致命的肾病，音乐爱好者协会详细查阅了所有可能的医疗记录，发现恰好唯有你拥有和他相匹配的血型。他们因此把你绑架，并在昨天夜里让小提琴家的循环系统连入你的身体内，这样你的肾脏就能同时为你自己和他的血液排毒。现在医院的院长过来告诉你："唉，我们为音乐爱好者协会对你做的事感到抱歉——如果我们事先知道的话是绝不会允许的。但是他们已经做了，那个小提琴家的循环系统正连接在你的体内。如果现在从你身上中断连接就会杀死他。不过不用担心，这一切只需持续9个月。到那时他就会完全康复，也能安全地与你的身体分离开来。"对你来说，同意目前这个状况在道德上是义不容辞的吗？

出处：朱迪丝·贾维斯·汤姆森，《为堕胎一辩》。

Judith Jarvis Thomson. "A Defense of Abortion." *Philosophy & Public Affairs*, 1.1（Fall 1971）：47-66，48-49.

汤姆森设计的这个思想实验是为了探讨有关堕胎的伦理学。具体来说，该实验对以下论证进行检验——堕胎是错误的，因为胎儿的生命权要优先于怀孕者对自己身体的拥有权及行使权。如果我们对汤姆森的问题给予否定的回答，那么通过类比，我们就承认该论证存在问题。（当然堕胎也可能并非由于上述原因，而是基于其他理由在道德上是错误的。）

为了强调她的观点，汤姆森问道："假如这不是9个月，而是9年，或者更长呢？"（49）她同时也问道："假如这仅仅只要一个小时呢？"（59）如果我们按照所涉及的时间长短而修改自己的答案，汤姆森认为我们这是在表明一个人是否对某事有权利，依赖于实现这个事情有多简单或多方便——这肯定是不行的。（在这里，注意到汤姆森对"仁慈"和"道德责任"的区分对我们的理解会有帮助——如果此人同意继续这种情况或许可称为"仁慈"或"高尚"的，但并不存在"道德责任"使他必须这么做。）

在汤姆森所描述的案例中，被绑架且被强制与小提琴家连接在一起是违反当事人意愿的——他并不希望这种情况发生。这与意外怀孕是类似的。倘若此人同意的话，我们会修改给出的答案吗？而且同意发生性关系是否就意味着同意怀孕呢？且若在性行为中采取了谨慎而正确的避孕措施仍然怀孕的话，又该如何呢？（参见《汤姆森的人之种子》）如果我们的回答会有不同，那我们就是时而认为一个胎儿有权使用一个妇女的身体（所以堕胎在道德上是错误的），时而又认为并非如此（于是堕胎在道德上又是可以接受的了）。我们真的是想表明，胎儿的生命权依赖于其生命是怎样形成的吗？换句话说，遭强暴而怀孕的胎儿就没有生命权，或比那些经过双方同意而怀孕的胎儿拥有较少的生命权吗？（另一可能的解释是，胎儿的生命权并不受其本身意愿的影响，而是有赖于妇女对其身体的决定权——她可以决定什么是她的身体所要经受的。）

除此之外，"生命权"究竟意味着什么？汤姆森论证道，"需要X去生存"并不必然蕴含"拥有X的权利"——小提琴家需要用你的肾脏来延续生命，但这就表明他拥有关于它们的权利吗？若不是的话，他何时——如果会有的话——能有之于它们的权利？（某事物何时可以具有生命权呢？）

微小房屋里不断长大的小孩（汤姆森）

假定你发现自己和一个不断长大的小孩一同被困在一个微小的屋子里。我的意思是，一间非常小的微型房屋和一个飞速长大的小孩——你已经被挤在了房屋的墙角处，再有几分钟你就会被压死。然而那个小孩则不会被压死。如果不采取什么措施阻止他长大，他也许会受伤，但最终他会猛然撑破屋子如一个自由人那样径直走出去。

阻止这个小孩长大在道德上是被允许的吗？

出处：朱迪丝·贾维斯·汤姆森，《为堕胎一辩》。

Judith Jarvis Thomson. "A Defense of Abortion." *Philosophy & Public Affairs*, 1.1（Fall 1971）: 47-66, 52.

汤姆森认为，尽管一个不用在你和小孩之间进行选择的旁观者或许不会阻止，但你自己当然并不用基于道德上的要求而消极等待直到被压死——你进行自卫或自我拯救在道德上自然是被允许的，即使这意味着那个小孩可能会死。因为该情景是为了模拟妊娠的状况，汤姆森基于自卫的理由论证堕胎在道德上是被允许的。"或许一个怀孕的妇女大致上类似于那间房屋的状态，而我们不允许她有自卫的权利，"她强调道，"但即使那个妇女是小孩的房屋，也应

该记住——这间房屋本身是一个人的！"（52—53）

这样的话，汤姆森的论证是否只适用于当妊娠威胁到怀孕者自身生命时呢？且即使在这种情况下，自卫的权利也不用加以限制吗？（参见《汤姆森的人之种子》）最后，汤姆森的论证是否只准许堕胎要像DIY[1]一样呢？

汤姆森的人之种子

设想这样一种场景：人之种子[2]像花粉一样在空气中传播，若你打开家里的窗户，就会有一粒飘进来，在你的地毯上或室内什么地方生根发芽。而你并不想要小孩，所以你就尽你所能买了最好的网筛将其装在窗子上。尽管如此，那最不可能发生的事情还是发生了：其中一个筛孔是坏的。就恰好有一粒种子从这里飘入，在你家里生根了。那么这粒正在生长的人之种子有权使用你的住宅吗？

出处：朱迪丝·贾维斯·汤姆森，《为堕胎一辩》。

Judith Jarvis Thomson. "A Defense of Abortion." *Philosophy & Public Affairs*, 1.1（Fall 1971）：47-66，59.

该场景仍然是在模拟意外怀孕的状况，而汤姆森探究的问题是能否声称胎儿拥有权利使用当事人的身体。如果胎儿确实拥有这样一种权利，那么妇女通过堕胎所行使的自卫权，就是要被限制的。［参见《微小房屋里不断长大的小孩（汤姆森）》］

汤姆森认为人之种子并没有权利使用你的住宅，"尽管事实上

---

1 "do-it-yourself"，按自己的方式自己做。——译者注

2 people-seeds，直译为"人之种子"，也有暗喻精子之意。——译者注

是你主动打开了窗户，是你有意在家里布置地毯及装有软垫的家具，而且你也知道窗子的筛孔有时会失效"（59）。一个通过打开的窗户进入你房间的小偷（或是因为你装在窗子上的防护栏坏了），绝没有权利待在你家中或使用你的住宅。由此，汤姆森否定人之种子有上述权利，毕竟，"你本可以和光秃秃的地板、未经装饰的家具，或是封死的门窗一起过你自己的生活"（59）。因此，汤姆森论证道，你有权用吸尘器将它清扫干净。

那么胎儿何时可以有权使用当事人的身体呢？也就是说，你该做些什么或不做什么，以使堕胎成为对该权利的一种侵犯？（这种对权利的侵犯总是会使堕胎在道德上得不到辩护吗？）

图利的猫

假定我们在未来某个时间发现了一种化学物质，并将它注射进一只小猫的脑内，使小猫的大脑进化成人类的那种大脑，这就使得一只猫具有了成年人类所拥有的全部心理特征。这样的小猫能够思考，也会使用语言，诸如此类。那么若我们只将神圣的生命权赋予人类物种，而不将它赋予经过此种进化的猫类，在道德上是站不住脚的：从道德上看，"他们"并无显著的差异。

其次，若我们直接杀死一只新生的小猫，而拒绝给其注射这种特殊的化学物质，也就不是什么不得了的罪过了。事实上，我们可以通过启动某种因果程序使一只小猫变化成最终具有某种性质的实体——凡拥有此属性的物种都被赋予严肃的生命权，但这并不意味着接受注射、经历变化之前的小猫拥有生命权……

最后，既然拒绝启动这样一种因果程序并非什么严重的错误，那么干涉这种程序也就不存在什么问题。假如一只小猫偶然被注射了这种化学物质，只要它还没有发展出能赋予其自身生命权的属性，那么无论采取何种行动干涉该因果程序以阻止其发展出上述属性就并没有错误……

出处：迈克尔·图利，《堕胎与杀婴》。

Michael Tooley. "Abortion and Infanticide." *Philosophy & Public Affairs*, 2.1（1972）：37-65，60-61.Copyright © 1972 Blackwell Publishers.

　　图利通过该实验考查那些诉诸可能性而反对堕胎及杀婴的论证：杀死一个成年人类在道德上是错误的；胚胎、胎儿、新生儿（典型的）都可能长成成年人类；因此，杀死胚胎、胎儿以及新生儿在道德上也是错误的。该论证有两个极具吸引力的理由：我们既不需要确定是什么属性保障了生命权（理性、人格或别的什么），也无须确认该属性何时才能获得（在受精时，在怀孕的某个时间，或是在出生的时候）。我们只需确定只要成年人类拥有它，胚胎、胎儿，以及新生儿都有可能发展出来——根据自然万物的规律，"他们"终究会长成成年人类。

　　图利根据其思想实验的结果断定，"如果杀死一只经受注射的小猫算不上什么严重的错误——其会自然而然地发展出使自身拥有生命权的属性，那么杀死人类种族中缺乏这些属性的一员也没有什么大碍——虽然其也会自然而然地拥有这些属性"（61）。杀死一只经过注射的小猫能为道德所接受吗？一只经过注射的小猫在何种程度上与一个胚胎或一个胎儿相类似呢？

沃伦的空间旅行者

想象一位空间旅行者降落到一个不为人知的星球上，遇见某种生物，它们完全不同于他所见到过或听说过的任何物种。如果他想确信自己对于这些存在者的行为符合道德，就不得不以某种方式判定它们是否是人类——因而拥有完全的道德权利；或者它们是否只是某种被他当作食物也不会令他感到内疚的东西。

他该怎样做出抉择呢？

出处：玛丽·安·沃伦，《有关堕胎的道德及法律地位》。

Mary Anne Warren. "On the Moral and Legal Status of Abortion." *The Monist*, 57.1（January 1973）: 43-61, 54.

沃伦也是在探讨堕胎的道德许可性的大背景下呈现出的这一思想实验。沃伦拒绝认为只有人类（即带有人类基因密码的物种）才拥有完全且等同的道德权利（包含生命权）。沃伦声称，只有拥有人格之人才拥有上述权利——因此，她渴望建立一种标准来评判怎样才能获得人格。[1]

一般认为，只有拥有宗教、艺术、工具或者住所的外星生物才算得上是人。然而，沃伦主张，即使缺乏这些文化特征也并不必然表明它们就不是人——因为它们完全可以无须或是超越这些特征而进步。

她所提出的第一个标准即为意识。但究竟什么是意识呢？而且我们又怎么知道外星人是有意识的呢？其他可能的标准是理性能力与沟通能力。然而，定义及确定理性能力和沟通能力同样存在问题。

1　本篇作者使用了三种不同的词语来表示"人"：human beings，"人类"，强调种族的生物性；people，"人"，一般意义上的泛指；person，"拥有人格者"，突出哲学意义上的"人格"。——译者注

（是否还有其他可能呢——是什么使某个存在者拥有了人格？）

况且，许多被提及的属性还存在一个程度问题。比如，外星生物必须具有怎样的意识才足以让我们认为它们拥有人格？如果外星生物具有更多的意识，其就拥有更多的人格及更多的权利吗？

让我们重新回到沃伦所关注的范围：堕胎是否为道德所允许。由于一个胎儿完全不具有她所提到的特点（她也指出自我运动的行为及自我概念的存在），所以它就不是一个拥有人格的人；因此，它就不具有生命权；那么堕胎在道德上就是被许可的。即使如此，也有人会一针见血地指出，新生儿同样也都不具有这些特点——难道杀婴在道德上也是可允许的吗？

沃伦的空间探险者

假定我们的空间探险者落入了某外星文明的手中，它们的科学家决定创造十万个或更多的人类——通过解剖探险者的身体以提取细胞，用他的基因密码来创造完全意义上的人类。我们可以想象，每个新创造出来的人将具有该探险者的全部能力、技巧、知识等，同时也拥有个体的自我概念。总之，他们每个都将是真实的个人，虽然很难说是独一无二的。设想整个计划只需持续数秒钟而且成功的概率非常高；我们的探险者知晓了这一切，同时也知道这些人们将会被公平地对待。探险者是否有权利逃跑（如果他能的话），从而剥夺那些潜在之人的潜在生命？

出处：玛丽·安·沃伦，《有关堕胎的道德及法律地位》。

Mary Anne Warren. "On the Moral and Legal Status of Abortion." *The Monist*, 57.1（January 1973）：43-61，59-60.

尽管摧毁这些潜在的人似乎确有一些不道德，但沃伦认为，"当两者冲突时，任何真实个人的权利总是胜过任何潜在个人的权利"（59，着重强调）——因此，我们的空间探险者确实有权逃跑。同样，沃伦由此论证，怀孕者有权堕胎。（参见《图利的猫》）

当然，冲突是在两个类似或者说"相等"的权利之间（比如在沃伦的思想实验中，是处在潜在个人的生命权与真实个人的生命权之间），还是在两个不同或是"不等"的权利之间（比如在堕胎的问题中，处在潜在个人的生命权与真实个人的自由妊娠权之间），这一点是否要紧呢？沃伦预料到了这一问题并做出了如下回答："我认为空间探险者有权逃跑，即使外星科学家并未计划夺去他的生命，而只是剥夺他一年或仅仅一天的自由。"（60，参见《汤姆森的小提琴家》）她继续说道："不论是因为他自己的疏忽，还是他预先知道了后果而被抓住（由此才导致了那些潜在之人存在的可能），他都没有需要待在那里的义务……一个真实个人的自由权（她随后又加上维护自身健康与幸福的权利），要远远超过哪怕是十万个潜在之人所可能拥有的生命权或别的任何权利。"（60）那么沃伦会为这样的论述提供什么依据呢？

最后的人（西尔万）

让我们假定地球上存在着一些最后的人。（他们也知道自己是最后的人，因为很显然，辐射作用已完全剥夺了他们生育、繁殖的可能。）他们以一种较为人性化的方式灭绝陆地上的每一种野生动物以及海里的鱼类，他们在所有适宜耕作的土地上进行密集耕种，所有剩下的森林都因为过度采伐而消失不见了……他们可以为此给出许多大同小异的理由：比如他们相信这是一种保护或拯救的手段，或者这就只是为了满足合理的需求，或仅仅是为了让最后的人仍然有事可做，以使他们不致太过忧虑迫在眉睫的灭绝。

他们做错了吗？

出处：理查德·西尔万，《需要一种新的环境伦理学吗？》。

Richard Sylvan（formerly Richard Routley）. "Is There a Need for a New, an Environmental, Ethic？"In *Proceedings of the* 15th *World Congress of Philosophy*, no.1. Varna, Bulgaria, 1973. As reprinted in *Environmental Philosophy: From Animal Rights to Radical Ecology*. 2nd ed. Michael E. Zimmerman, ed. Upper Saddle River, NJ: Prentice-Hall, 1998：17-25, 21. Reprinted by permission of the author.

根据标准观点，一个人只要不伤害他者（或自己）就能自由地做自己想做的事——所以，最后的人就并未做错什么。但西尔万认为，他们当然有错。（有吗？）因此，他认为我们需要一种能够代替标准观点的新伦理学。那么这种新伦理学应包含哪些原则呢？换句话说，最后的人违反了哪些原则呢？

一个可能的答案是认为摧毁自然环境是错误的。（基于什么理由？在什么情况下？）

另一种可能性是扩展对"伤害"的定义，使它涵盖令珍视他者（非人类的）——比如动物、森林、湖泊、湛蓝的天空、清澈的雨水等——的最后之人感到悲伤的东西。如果我们将这种"悲伤"纳入我们有关"伤害"的定义中，这又能暗示些什么呢？

当然，还有一种可能性是扩展"他者"的定义。比如，他者也可能包含未来之人（参见《劳特利的"核能"列车》），然而在本案例中并不存在未来之人——他们本身就是幸存的最后的人。如果扩展的话，西尔万建议应该包含"那些处于环境中，会受到人类行为影响（被杀死或被迫离开家园）的他者"（22—23）。他也建议"他者"中应包含其他种类的成员——并非是它们必然拥有权利，而是我们具有责任。〔事实上，西尔万声称"不伤害"原则与"社会契约"原则及康德主义的"人是目的"原则都是人类沙文主义的，因为它们都将人类放在了首位，而"所有其他一切都被排到了后面"（20）。〕那么西尔万心里想的又是些什么责任呢？基于什么理由，我们才具有这些责任？而且是只有当我们成为最后的人时才具有这些责任呢，还是我们现在就有？

浴缸里的史密斯和琼斯（拉塞斯）

让我们考虑以下两种情况：

在第一种情况里，如果史密斯六岁的堂弟因发生意外而身亡，他就能获得一大笔遗产。一天晚上，他的堂弟正在洗澡，史密斯偷偷溜进浴室溺死了这个孩子，并且把现场布置得像是一场意外事故。

在第二种情况下，琼斯也可以通过他六岁堂弟的死而获益。像史密斯一样，琼斯偷偷摸摸溜进浴室，计划把这孩子溺死在浴缸里。然而，就在他进入浴室后，琼斯看到那孩子一不留神滑倒撞着了头，面朝下倒在了浴缸里。琼斯心中窃喜；他只是站在旁边，准备需要时将那小孩再按进水里，不过这完全没有必要。随着一次次徒劳的挣扎，这孩子"偶然地"把自己溺死了。琼斯只是在旁边看着，什么也没做。

现在，史密斯谋杀了那个小孩，而琼斯则"仅仅"是任由那小孩自己死了。这是他们之间的唯一区别。那么从道德的角度看，是否有谁的行为是更可取一些的呢？

出处：詹姆斯·拉塞斯，《积极安乐死与消极安乐死》。

James Rachels. "Active and Passive Euthanasia." *New England Journal of Medicine*，292.2（January 9，1975）：78-80，79.

该实验是在探讨关涉安乐死的伦理学，尤其是积极安乐死与消极安乐死之间的道德区别。积极安乐死是指采取直接的行动，比如通过注射某种药物致使某人死亡；而消极安乐死是指不予实施治疗或停止治疗，允许某人自行死亡。拉塞斯认为我们会说史密斯和琼斯在所做的不道德行为方面具有同等的罪孽。他认为：史密斯和琼斯具有同样的动机（个人私利）和同样的意图（杀死那个小孩）；他们在达到目的的过程中所呈现出的不同行为方式与道德毫不相关（史密斯"做了些什么"使小孩溺水，而琼斯则"什么都没做"，只站在浴缸旁冷眼旁观）。与此类似，拉塞斯认为，在积极安乐死与消极安乐死之间也不存在道德上的区别。事实上，拉塞斯继续论证道，史密斯和琼斯的行为都能被称为是积极的——拒绝救助是积极地"置身事外"，或者说积极地"袖手旁观"。

当然，拉塞斯的实验和安乐死之间还是存在差异——特别是普遍来说，医生并非是受到个人私利的驱使。不过，拉塞斯的实验是为了检验积极行为和消极行为的道德价值，因此他保留了所有行为的常变量（比如动机和意图），却排除了至关重要的施加意图的程度（积极较之于消极）。所以如果是出于个人私利，那么安乐死在道德上就是错误的，不论它的实施是"积极"还是"消极"都会是同样的错误——这才是拉塞斯的观点。同样地，若安乐死是基于人道理由，那无论"积极""消极"在道德上都是可以接受的。事实上，正如拉塞斯指出的那样，当一个人"注定要死"时那缓慢而痛苦的死亡，有足够充分的理由表明消极安乐死在道德上是不能被接受的。

但是，通过积极安乐死，某人导致了他人的死亡；而消极安乐死则是某一疾病或创伤导致了死亡。这难道不是一个意义重大的——道德上重要的——区别吗？（只有"致死"是一件坏事时，它才在道德上意义显著吗？）

哈里斯的生存彩券

Y和Z提出了以下规划方案：他们建议给每人分配一个彩券号码。每当医生有两个或更多垂死的病人（他们的不幸并非是自己造成的），且可以通过移植手术拯救他们的性命，但手边恰好没有源于"自然"死亡的合适的器官，这时候，医生可以通过一台中央计算机来挑选出合适的捐赠者。于是计算机就会随机挑选出适宜捐赠者的号码，然后此人会被杀死，换来的则是那两个病人或其他更多人得以被救治。毫无疑问，如果这一规划真能得到落实，我们会采用一种合适的委婉说法来形容"谋杀"。也许我们会开始谈论公民被召唤去为他者"奉献生命"。由于移植技术的进步，这种方案能使目前偏低的救死回生概率大为提高。事实上，即使把捐赠者的死亡考虑在内，每年最终的死亡人数也会急剧降低，以至于每个人的生存概率都会极大提高，老龄化现象进一步加剧……

设想我们通过星际旅行发现了一个和我们一样的世界，只是那里的人们按照上述方案组建了自己的社会。没有任何人能被认为拥有绝对的生命权或拥有抗拒的自由权，但所有一切都是为了确保绝大多数人能享有幸福而长久的生活。在这样一个世界，如果有人因自己的号码被抽中而试图逃跑或抗拒，并声称没有任何人有权夺去他的生命——那么他本人或许会被当作一个谋杀犯。不论我们是否愿意选择生活在这样一个世界，但这个世界的居民的道德水平无疑是值得我们尊重的。而且也不见得它就比我们自己的世界更加野蛮、更加残忍，或是更加地不道德。

出处：约翰·哈里斯，《生存彩券》。

John Harris. "The Survival Lottery." *Philosophy*，50（1975）：81-87，83. Copyright © The Royal Institute of Philosophy 1975.

即使如此，或许还是有人会声称，这样的系统本身就是不道德的，因为杀害无辜的人本身就是错误的。但假定那些被挑中的捐赠者并不比那些垂死的病人更加无辜：不管有没有这种系统，无辜的人总是会死亡，因此，一条命换两条命难道不更好吗？（参见《汤姆森的有轨电车难题》）

依据于自我防卫的反驳又怎样呢？那个因彩券而被选中的人就无权进行自卫，以免被杀吗？有人会说那些垂死之人也有类似的权利。正如哈里斯指出的，"尽管只有另一个人被杀死，那些垂死之人才能活，这是事实；但他们会说如果轮到自己去死，那某个可以继续活的人也会这样利用他们的身体，这同样也是事实"（85）。当然，"轮到自己去死"和"自己被杀死"是不一样的——不是吗？［参见《浴缸里的史密斯和琼斯（拉塞斯）》］

对哈里斯彩券系统的另一种可能反驳是我们不应该扮演上帝，猜测神的意图以决定谁生谁死。不过有人会指出，当我们通过捐赠系统使用适宜的器官进行移植手术时，不就已经这么做了吗？［而且不管怎样，也许就不存在一位上帝及所谓的神意。参见《幼稚、低劣或老朽的神（休谟）》］

还有一种可能的反驳是认为谁生谁死不应该由"碰运气"而"决定"。同样会有人指出，事实本来就是如此——想想那些只是因为倒霉透顶而患上致死疾病的人。（因此，我们现在有关生命权的概念事实上只是基于运气？就是说，你拥有生命权只是因为你碰巧拥有一个健康的身体？如果是这样的话，基于这种理由倒还真不比哈里斯的生存彩券更有说服力……）

劳特利的"核能"列车

一列长途列车刚刚出发。这列车上载满了乘客与货物。在旅途的第一站，某人要往远方的终点站托运一个包裹，里面藏有一种易燃易爆的剧毒气体。该气体被放置在一个很薄的容器内，托运者自己也明白：这容器并不能保证气体全程都不泄漏；倘若列车真出了什么问题，比如脱轨或是相撞，或是有乘客觊觎货物，试图偷窃一些行李，那么气体就肯定会泄漏出来。以上各类事情在以往的行程中都有发生。如果容器真的被打破，那么灾难性的后果就会发生——至少邻近车厢的人会被杀死，而剩下的人不是因为中毒致残就是迟早会患上绝症。

我们大多数人大概都会指责这样一种行为。那位包裹的托运者会怎样为自己辩护呢？

出处：理查德·劳特利和瓦尔·劳特利（又称理查德·西尔万和瓦尔·普拉姆伍德），《有关核能的伦理及社会维度》。

Richard and Val Routley. "Nuclear Power—Some Ethical and Social Dimensions." In *And Justice for All: New Introductory Essays in Ethics and Public Policy*. Tom Regan and Donald Van De Veer, eds. Totowa, NJ: Rowman & Allanheld, 1982: 116-138, 116-117.

劳特利夫妇提出的该思想实验是为了检验核能的发展是否可以得到伦理上的辩护。根据作者们的观点，事实上仅仅是核废料的存在就意味着"未来四万代人们将被迫承受极大的风险"（118）——失去生命、疾病蔓延、遗传损伤，以及大面积的陆地污染。于是，一个可能的辩护理由，即我们对于那些未来之人不存在任何道德义务。我们没有吗？（基于他们的权利？不存在的人能有权利吗？基于我们对他们做出的承诺，我们能对不存在的人做出承诺吗？）这个义务到什么程度？所谓未来又有多久远？义务是一定要基于他者的权利或对他者做出的承诺？还是我们对于自己行为所造成后果的预见，就足以确立这些义务？

即使我们不用对某人承担义务，就意味着我们能对他们为所欲为吗？或许气体的制造者不用对那列火车及里面的乘客负责，但他不应该为这气体本身负责吗——它会对那列车及里面的乘客有什么影响？有人会说，我们并不能确定气体一定会泄漏，同样也不能确定即使气体泄漏了就一定会是这样的后果。在我们声称某事的出现会引发危机这在道德上是不可接受之前，有必要先确定某事一定会出现吗？

作者认为，除非是在更为紧要的情况下，核能发展的明显危害才有可能得到辩护。有这种情况吗？也许世界需要该产品以提高生活水平，因此供应产品就是制造商的责任；也许如果公司购置一个更好的容器就会导致其破产——工人失业、妻离子散，整个商业城镇都会陷入进一步的混乱。然而，作者论证道，在第三世界，核能无论是在政治上还是经济上都不适合用来提高生活水平。此外，核工业与其说是减少，倒不如说是加剧了失业和贫穷。那位包裹的托运者是否可以用别的什么更紧要的情况来进行辩护呢？

里根的救生艇

设想一艘救生艇上有五位生还者。由于尺寸限制，救生艇只能载四位。而所有的生还者重量大致相等，所占有的空间也都差不多大小。五位生还者中有四个是正常的成年人类。剩下的第五位则是一只狗。现在必须要从船上扔下去一个，否则大家都会死。应该是谁被扔下船呢？

出处：汤姆·里根，《动物权利案例》。

> Tom Regan. *The Case for Animal Rights*. Berkeley：University of California Press，1983：285.

里根论证说，所有个体都是"生命之主体"，有着内在的价值——他们有着自己的利益与欲望。而所有具有内在价值的个体都拥有同等的道德权利——要求受到尊重及公平对待，这里面就包含了不受伤害的权利。既然如此，难道那五位生还者要抽签决定谁该下船去吗？

里根认为无须抽签——该被扔下去的是那只狗。然而，这并非因为那只狗不是生命的主体；它当然是这样的主体，且因此拥有和人类同等的权利——要求受到尊重和公平对待。只是因为一个人的死亡要比一只狗的死亡损失更大，那些满足主体利益及欲望的更多机会也会随之失去。（这么说的话，他们岂不是就没有得到尊重和公平对待的平等权利喽？）

　　如果假定五位生还者都是人类（没有狗），其中一人是能力有限的残障人士——因此，他满足自身利益和欲望的机会也相对较少，那么上述推论能同样适用吗？（参见《戈德温的芬乃伦主教》）

　　上述推论是否允许对狗或有缺陷的人士进行科学实验，以研制某种可以阻止那些较少缺陷之人死亡的药物？

卡斯特的快乐药与痛苦药

　　想象一种被合法研制出来的药物，我将它称为"快乐药"[1]。"快乐药"能使员工处于一种头脑清醒且极度愉悦的状态，这就使他们在提高生产效率的同时能享受自己的工作。再假定"快乐药"并不会引起长期的健康隐患。根据生产效率来论证，雇主似乎有充分的理由允许甚至要求员工定期服用"快乐药"。

　　设想另外一种药物，叫作"痛苦药"。它也能提高生产效率，却会带来让人痛苦的副作用。但由于这种药物能提高员工的生产效率，其应用也为生产效率论证所允许。

出处：尼古拉斯·J. 卡斯特，《药物检测与生产效率》。

　　Nicholas J. Caste. "Drug Testing and Productivity." *Journal of Business Ethics*, 11.4（1992）: 301-306, 303.

　　卡斯特的思想实验意图检验一个观点：对员工进行强制性的药物检测是合理的，因为服用药物对生产效率会有负面影响。卡斯

1　"hedonine"以及下文中的"pononine"，均为作者给设想的药物所自造的名称，分别含有"快乐""痛苦"之意。——译者注

特解释道："生产效率论证本质上是说，既然雇主购买了雇工的时间，那么雇主就有权优先确保其购买的时间能尽可能地被有效利用。"（301）

如果我们认为雇主无权强迫雇工服用"快乐药"或"痛苦药"，则必须对生产效率论证做出怎样的修订呢？或者雇主要求他的员工服用这些药物根本就没什么好反驳的？（如果你的雇员是职业运动员，这要紧吗？）

巴廷的自动可逆避孕法

假如每个人——所有那些具有生育能力的女性以及男性（当然是要到技术成熟时）——都能使用"全自动"可逆避孕法，会怎么样呢？

可以想象一下该情景：该技术的使用将被视为一项医疗准则，成为所有少女及妇女在妇产科方面的必修课，并且最终也会被男性视作一项理所当然的医疗准则——就像是免疫疗法那样的卫生措施（虽然关于免疫疗法的批文也只是在表面上赞同，在实践上仍然还是假想）。我们甚至可以想象该技术就像常规免疫一样，为升学所必需：适用于中学及以上程度的所有男生女生。我们能够想象未来的负责青春期医学或是妇产科的医生会说："这就是我为所有父母们做的工作。我只是在帮助他们（尤其是青少年），在他们还未准备好时帮助他们远离妊娠。我为他们注射针对伤寒、白喉以及小儿麻痹症的疫苗，同时也使他们对妊娠免疫——直到他们想要怀孕为止。"

出处：玛格丽特·P. 巴廷，《性与后果：世界人口的增长与生育权》。

Margaret P. Battin. "Sex & Consequences：World Population Growth vs. Reproductive Rights." *Philosophic Exchange*，27（1997）：17-31，17，27-28.

鉴于所有妊娠中有一半都是意料之外的，巴廷认为"普遍来说，妇女或父母，如果怀孕的话，他们往往宁愿不要小孩而不是只能接受"（25）。她解释道，由于妊娠是一种"预设模式"——除非采取什么措施（比如避孕），否则妊娠会在育龄期20%的时间内作为性行为的后果而发生。如果我们取消预设模式——"如果一个妇女只有当她可以选择时才怀孕，伴随这一选择而解除或中和她的'全自动'避孕装置"（25）——首先，许多意外怀孕就能避免，因为妇女会"较少自愿被强迫，或是处于两性关系的折中地位而被激情征服，因此才承担怀孕的风险——但这并不是她先前所考虑的选项"（25—26）。其次，男人也不会再"因为一时冲动的决定或粗心大意的行为所带来的后果，从而影响到自己的生育自由"（26）——这种防护对"父权问题有实质性的影响"（26）。巴廷的思想实验为当前的两个问题提供了一个简单的解决方案：取消预设模式"不仅可能会导致人口增长数量的急剧降低，同样也会在实质上，增加男性和女性共同的生育自由"（28）。

巴廷的提议会带来她预想的好处吗？人口数量急剧增长和生育自由下降的问题会因此就得到解决吗？

8

SOCIAL AND POLITICAL PHILOSOPHY

社会政治哲学

洛克的橡子与苹果

一个人把从橡树下拾到的橡子或是从林中苹果树上摘来的苹果吃进肚里，他就已经把它们据为己有。没人能否认那是他自己的食物。那么我要问，这些东西从什么时候开始归他所有呢——在他消化的时候，在他入口的时候，或是在他煮的时候，把它们带回家的时候，还是在他拾到它们的时候呢？

出处：约翰·洛克，《政府论》（卷二）。

John Locke. *An Essay Concerning the True Original*, *Extent and End of Civil Government*（the second of *Two Treatises of Government*）. Chapter 5, Section 28, 1690. As reprinted in *The English Philosophers from Bacon to Mill*. Edwin A. Burtt, ed. New York: Random House, 1967: 403-503, 414.

洛克认为，对橡子和苹果的采集本身使得它们成为那个人的财产，因此他提出的原则是人有权占有自己的劳动所得：通过对自然界的事物施加影响或做些什么，你将它们变为自己的私有财产，直到这之前，它们还都是公共财产。不过，如果它们之前都还是公共财产的话，那个人是否应该征得他人的同意后再采集——"假定他本身也属于公众之一员的话，这难道不是抢劫吗？"（414。另参见《哈丁的公地悲剧》）

而且土地的所有权是什么状况呢？如果有人买下这片种着橡树和苹果树的土地，他是否因此就有权占有那些橡子和苹果呢？可这个人却没"做"任何事——既没有种植，也不曾照料。根据洛克的观点，土地能否因买卖而被占有呢？如果是这样，或即使是这样，橡子和苹果还是归属于那些真正种植、照料这些树的人吗（而不是"拥有"那片地的地主）？

而且这些问题是否可以或是否应该像适用于土地一样适用于空气和水呢？

囚徒困境

　　设想你和另一人因犯罪被捕，分别由警方单独审问，他给你们提供了以下选择。如果你们两人都不坦白各自的罪行，你俩就会因较轻的罪名遭起诉，在监狱里服刑一年。如果你俩都坦白并且相互指认对方的话，各自就会被判刑十年。然而，如果你俩中有一人认罪，而另一人坚决否认，那个坦白的人就会从宽处理且被释放，而被指认的抗拒者则要在监狱里待上二十年。

　　你会坦白罪行吗？

出处：据 S. J. 哈根迈尔的说法（*Philadelphia Inquirer*，1995），此问题源于
　　阿尔伯特·W. 塔克（Albert W. Tucker）[1] 于 1950 年参加的一次讲座。
　　问题的原始版本无法获得。

　　虽然囚徒困境是为了展示博弈游戏的困难而被提出的（请注意，你是否真的犯了罪并不重要），现在它已被哲学家用来检验社会政治方面的问题。若这两人是自私而理性的，他们各自会进行如下推理："如果另外那人认罪了，我就会被判二十年（如果我不坦白）或十年（如果我坦白）；如果另外那人不认罪，我就会被判一年（如果我不坦白）或被直接释放（如果我坦白）——在两种情况下，坦白罪行都是更好的选项。"然而，如果他们都是这么想的，

1　塔克为著名数学家，时任普林斯顿大学数学系主任，在拓扑学、博弈论及非线性规划等领域均作出了重要贡献。——译者注

两人就都会认罪，而这将使他们陷入更糟的处境——每人都被判刑十年，而这两人都不认罪的话只需服刑一年。因此，这多少有些类似于哈丁的公地悲剧（参见《哈丁的公地悲剧》），如果每个人都只遵循自己的利益而行动（做决定时仿佛只需考虑你自己一人），那么反而实现不了自己的利益。

但那些理性而又自私的人会像这样推理吗？其他可能的推理过程是什么样的呢？倘若假定他们是些把社群利益放在首位的理性者又会怎样呢？

而且假如——就像在涉及海洋、森林、空气等公共资源的案例中（贸易壁垒和军备竞赛中也会存在类似推理）——要求你重复选择的话：这会改变推理过程进而影响决策吗？

最后，请注意思想实验所给定的条件。第一，两个囚徒之间不存在沟通——如果他们能相互交谈又会如何呢？第二，这种结构安排是否合理，或至少是否现实呢？如果我们想让那些只关心自己福祉的人不去相互利用，我们应该怎样设定游戏规则，或怎样设定这个世界的规则呢？（参见《罗尔斯的无知之幕》和《诺齐克的威尔特·张伯伦》）

哈丁的公地悲剧

有一片对所有人都开放的牧场……

作为一个理性的存在者，每个牧羊人都追求自身利益的最大化。每个牧羊人或明或暗、或多或少总是在琢磨："若给我的羊群中增加一只羊会有多少收益？"……

由于牧羊人能通过贩卖增加的羊只获得相应的利润，故正面效益大约为+1。

　　然而，由于过度放牧的影响涉及每一个牧羊人，从而带来负面效益——具体到每个参与决策的牧羊人身上，则约为-1的效益。

　　那个理性的牧羊人推断，对他来说提高利润唯一可行的途径就是再给自己的羊群中增加一只羊，还要加一只羊；继续增加……但享有公地的所有理性的牧羊人都会得出这一推断。由此，悲剧就产生了。每个人都陷入一个封闭的系统里，该系统强迫他不加限度地扩充自己的羊群——而整个世界是有限度的。对于这些相信公共资源使用的自由权，在社会中追逐自身最大利益的短视之辈，最终的结果只是荒废与枯竭。而对公共资源的自由使用也使所有人都一无所有。

出处：加勒特·哈丁，《公地悲剧》。

　　Garrett Hardin. "The Tragedy of the Commons." *Science*, 162（1968）：
　　1243-1248，1244.

　　亚当·斯密于1776年声称，那些只追逐自己利益的人"被一只看不见的手所指引……致力于增加公共利益"（《国富论》）。哈丁的公地悲剧[1]就是对亚当·斯密"看不见的手"的一个反驳：哈丁的牧羊人都致力于追逐自身的利益，却并没有促进公共利益。这不仅只涉及由于过度放牧而不能再畜养牲畜的草地，同样也有受制于公地系统而遭过度捕捞的海洋，甚至还有污染——哈丁认为它是一种反向的公地悲剧。

　　但使用公共资源的自由权，真的会如哈丁所说的那样使所有人

1　其来源于威廉姆·福斯特·劳埃德（William Forster Lloyd）于1833年讨论人口的著作中所描述的场景（*Two Lectures on the Checks to Population*，reprinted in Hardin's *Population Evolution and Birth Control*）。

都一无所有吗？或者，追求自身利益最大化的欲望就不能逾越眼前一时的利益吗？除此之外，哈丁所描述的情况最好是用"自由"来形容，还是该用"不公正"来形容呢？我的羊吃着我们大家的草而长大——那为什么当我靠它获利时自己应该保留所有的钱呢？这里似乎存在一个不负有相关责任的自由。

那么解决方案是将公共资源私有化，让每个人都得到一处较小的牧场吗？或者将整个系统社会化，把牧场和牲口都收归公有？还有没有别的选项呢？而且每个系统在任何环境下都会运转得一样好吗（比如，人口总量和分配，资源数量和质量，以及现存的社会政治政策）？

最后，哈丁的思想实验似乎表明，只有当其他人都在做同样的事时，一种个体行为才在道德上是错误的；换句话说，并不是你让自己"应受责备"——而是其他人使然。这怎么可能呢（无论你何时做任何事，无论你是独自做还是其他人也在做，你的个体行为都是一样的）？

罗尔斯的无知之幕

很自然地，我们可以想象那些参与社会合作的人们会通过一个共同的行为一起来确定一些原则。这些原则涉及分派基本的权利和义务，并且决定社会利益的划分……

这一原初的状态……应被视作一种为达到某种确定的正义观念而做出的纯粹假设。这一状态的诸多基本特征如下：没人知道自己在社会中的位置——无论是阶级成分还是社会地位，也没人知道自己在自然资产及先天能力的分配中所具有的运气，这同样也包括智力、体力等类似方面。我甚至可以假定其中各方均不知道自己有关善的概念以及各自特殊的心理倾向。正义原则的选择是在一层无知之幕（veil of ignorance）的背后进行。这就确保了没有人会在原则的选择中，因自然机遇或社会环境中的偶然因素而得益或受损。由于所有人的状况都是相似的，就没有人能被赋予特权，让原则偏向其自身的特殊情况。正义的原则是一种公平协议或契约的结果。

那什么样的正义原则会被选中呢？

出处：约翰·罗尔斯，《正义论》。

John Rawls. *A Theory of Justice*. Cambridge，MA：Harvard University Press，1971：11，12.

罗尔斯声称，那些"致力于促进自身利益的自由和理性的人们"（11），会在他所描述的无知之幕背后，协商决定将以下原则作为他们社会的"蓝图"："所有社会价值——自由和机遇、收入和财富、自尊的基础——都要平等地分配，除非对上述任何一种价值的不平等分配符合每个人的利益。"（62）或许有人承认，人们会选择基本的平等以防自己是那个自然资产和先天能力分配中的倒霉蛋；也有人承认，假如他们是幸运儿的话就会允许不平等——这样他们就能充分利用自己的特权和优势资源。但到底应该确立什么样的原则呢？一种可能的答案是马克思主义的"根据个人的需求进行分配"；另一种则是"根据个人的资格进行分配"（参见《诺齐克的威尔特·张伯伦》）；还有一种是功利主义提倡的"致力于绝大多数人最大的善"。依据哪条原则能建立一个公正的社会呢？（参见《马蒂的两名失事船员》）

罗尔斯的批评者们指出，当一个人的价值（"有关善的概念"）尚未知晓时，试图做出有关权利、责任和社会利益的决策就充满了困难，甚至是不可能的。况且，你的结论依赖于你的前提。有人或许会问，为什么罗尔斯设定的都只是自私的人——那些无私慷慨的人会组建一个什么样的社会？

诺齐克的威尔特·张伯伦

现在假定威尔特·张伯伦是一位被众多俱乐部看中的、极有前途的篮球运动员，他能产生巨大的门票收益。（同时，假定契约期只有一年，选手为自由球员。）张伯伦与一个球队签订了以下契约：他可以从每场主场赛事的每张门票价格中分得25美分。（我们不管张伯伦是否在"敲诈勒索"，这些问题就让他们自己操心吧。）赛季开始了，人们兴高采烈地观看他所在球队的比赛；他们每次买票时，都会单独将一个25美分的硬币丢入一个标有张伯伦名字的盒子里。他们为能看到张伯伦参与的比赛而激动雀跃，所有的花销对他们来说都是值得的。我们假定一个赛季里有一百万人观看了张伯伦参与的主场比赛，后者因此而得到25万美元的收入——这远高于篮球运动员的平均收入，甚至比俱乐部的任何人的所得都要多。张伯伦有资格享有这笔收入吗？

出处：罗伯特·诺齐克，《无政府、国家与乌托邦》。

Robert Nozick. *Anarchy*, *State*, *and Utopia*. New York: Basic Books, 1974: 161.

诺齐克这一思想实验的大背景是在探讨国家的本质，即什么样的政府才是最好的，对个人权利施加怎样的限制才能算是正当合理的。那些倡导大规模政府的人士认为，这样一个政府是为实现"分配正义"（社会财富的公平分配）所必需的。许多有关分配正义的理论只看"最终结果"(即谁最终得到了什么),根据需要或者说功劳来确定分配是否公正。但诺齐克认为,在这样一个"最终结果"的系统里,人们会不得不被禁止或因自由选择交易物品而做出补偿(因为这样一些交易可能并不总是会导致预期的结果),这也暗示了连续不断的"国家干预"和对个人权利的限制。

诺齐克声称,公平分配(诺齐克本人更喜欢用"占有"而非"分配",因为物资并不是像无主的财物堆在那儿,等着谁来进行分配)只有在一个较小规模的政府主导下才有可能实现——一个较少侵犯权利的"最小政府"(minimal state)。根据他的"资格理论",最初的财产获得与人们之间的商品交换只要具有相应的"资格"就是正当合理的:"(资格)源于根据每个人所选择的,或每个人自身所致力于的(也许存在他人的契约帮助),并且他人愿意为其如此——提供他们先前所拥有的(遵照这一原则),尚未用光或转让的东西。"(160。另参见《洛克的橡子与苹果》)

诺齐克的威尔特·张伯伦是对上述系统运转时的一种说明。如果你说:"没错,张伯伦有资格享有那些收入"——因为人们是自愿拿出25美分付给他(这25美分不久前还是他们各自的财产),并且其他运动员的收入并没因此而减少。如果是这样的话,你就是赞同诺齐克和其他自由主义者们的观点——分配的公正可以不需要政府干预和由此对个人权利的侵犯而实现。

不过,也许你会说张伯伦并没有资格享有那25万美元。为什么呢?罗尔斯会说收入的不平等分配之所以不公平是因为它并非致力于每个人的利益。(参见《罗尔斯的无知之幕》)还有别的答案吗?

也许有人会指出,诺齐克的观点假定人们享有平等的自由,且有平等的能力做出自愿的选择。但这现实吗?或许也有人会问,那些拥有资源的人们——精神及生理上的能力、努力与付出、手艺技巧、原材料——是怎样使诺齐克认为他们有资格拥有这一切呢？

哈丁的救生艇

我们现在正在一艘载有50人的救生艇上。再慷慨点，假定我们的救生艇能有再多载10人的空间，就算60人吧……

我们这些坐在艇里的50人看到有另外100人浮在海面上，他们请求允许登艇或者给予救济品。我们要怎样回应他们的呼声呢？

出处：加勒特·哈丁，《生活在救生艇上》。

Garrett Hardin. "Living on a Lifeboat." *BioScience*, 24（October 1974）：561-568, 562.

哈丁所描绘的画面是作为一种隐喻来呈现我们亟待解决的问题——人口过剩与饥饿：每艘救生艇都是一个充满富人的富裕国家，而在海里漂浮着的人则是从那已超载的救生艇上被挤下来的穷人。（参见《奥尼尔的救生艇》）

哈丁首先考虑的是如下选项："我们或许会为基督教教义中有关理想的存在者指引，即成为'我们兄弟的监护人'，或是遵循马克思主义的理想'各尽所能，按需分配'而生活。由于所有人的需要都是相同的，于是我们让所有那些穷人上到我们的船里，使一艘承载量为60人的船一共坐进150人。这船就会沉没，而所有人都会溺水身亡。完全的公正就是完全的灾祸。"（562）除此之外，哈丁也指出，"需要由人口规模所决定，后者为生育所影响；而每个国家都把自己的生育率视作一项至高无上的权利。"（562）所以，一个可能更好的解决方法是不再把生育权作为一项权利，或至少不再视作一项不容置疑的权利。

接着，哈丁建议："既然救生艇还能再载10人，我们就只允许再多10个人上来。但这会带来安全上的隐患，而我们迟早会为这一行为付出代价。（如果我们不保留一些额外的空间作为某种安全系数，一种新型植物病害或是恶劣的气候变化就会大量减少我们的人口。）而且，我们该让哪10个人上来呢？遵循'先到先得'原则？挑选最好的10个人？或最需要救援的10个人？我们又怎能区分呢？而且我们该怎么向那被拒绝的90人交代呢？"（562）相应地，也许我们应该考虑那浮在海面上的穷人是否就应该穷。（而在船上的我们是否就应该富呢？）

最后，哈丁认为，"我们不再允许多的人登艇，并且保留一定的安全系数。这样，救生艇上的人们就有可能存活（尽管这意味着我们不得不防卫自己，阻止他人登艇）"（562）。这公平吗？这正确吗？这就是我们该做的吗？（哈丁的思想实验的结果是否适用于现实生活——我们真的生活在救生艇上吗？……）

奥尼尔的救生艇

让我们想象一艘救生艇上有六位生还者。存在两种可能的供给级别：

（1）（在一艘装备精良的船上）经过完全合理的统计，供给能持续到救援抵达。或是因为这艘船靠近岸边，或是因为它本身有充足的供给，或是因为它有什么装置可以制造蒸馏水、捕鱼等。

（2）（在一艘供给不足的船上）经过完全合理的统计，供给不大可能在救援抵达以前让六个人都活下来。

什么时候杀人是正当合理的呢？

出处：欧若拉·奥尼尔，《救生艇地球》。

Onora O'Neill. "Lifeboat Earth." *Philosophy & Public Affairs*, 4.3 (Spring 1975): 273-292, 276-277.

奥尼尔讲道："容我们做以下设想，每艘救生艇都有四分之一的特殊区域是为头等舱乘客提供的，而全员所需的食物和水也放在那里。这样，我们就得到了一个虽然简陋却更为合理的救生艇——地球上目前人类处境的模型。"（280—281。另参见《哈丁的救生艇》）既然地球上的人们会由于食物和水的分配不均而死亡，或者我们承认他们的死是不合情理的（因为这并非他们正当防卫的结果，他们本可以避免这一切），或者我们只能说财产权（假设那些人确实没有权利拥有水和食物）确实胜过不被杀死的权利。要选哪一个呢？

尽管如此，也许我们的状况更像是在一艘供给不足的救生艇上。然而奥尼尔接着论证道，如果我们真的要为救生艇供给不足而负责，我们就不能说那些因缺乏食物和水的死亡是不可避免的。谁该为救生艇的状况负责呢？（谁会拯救我们呢？）

亚历山大的末日审判机

设想存在这样一颗超级尖端的卫星，它能侦测到所有的犯罪行为并确定行为者的精神状态。（发明这一装置的社会，只将明显侵犯他人道德权利的行为视为犯罪。）如果卫星发现行为者知道自己是在犯罪，并且对自己正进行的行为没有任何辩解的借口或理由，同时行为者不是处在冲动状态或被胁迫状态下，也并非太年幼、衰弱无力、精神不正常等原因致使他没有犯下罪行的能力，该卫星就会不顾罪行的严重程度，立即发射一道裂变射线将他杀死。不管当权领导者可能会如何慈悲，一旦卫星侦测到了犯罪行为，就不可能阻止它对罪犯实施惩罚。犯罪和惩罚的定义及附属规定都只可能在未来才会得以修改。所有人都被告知了该卫星的存在及其运作模式。

……我所想象的装置（末日审判机）所给予的惩罚是否太过分呢——消灭所有处于某一精神状态下的犯罪行为，在这种情况下，有人故意违章停车该怎么办呢？

出处：劳伦斯·亚历山大，《末日审判机：惩罚与预防的均衡》。
Lawrence Alexander. "The Doomsday Machine：Proportionality, Punishment and Prevention." *The Monist*, 63.2（1980）：199-227，209. Copyright © 1980，The Hegeler Institute.

亚历山大预料我们会认为末日审判机给予的惩罚确实有些过分。为了证明我们的观点是错误的，他展现了以下假设的场景（209—210）：

设想一个人接到一通来自一个盗贼的电话，盗贼告诉他："我已经监视你很久了，知道你今晚要出去。我计划去你家破门而入，偷走你所有值钱的东西。但我想先让你知道我患有严重的心脏病，如果你把财物都藏起来，我很有可能会因花费大把精力找它们而感到焦虑，从而导致心脏病突发。所以请把它们放在一目了然的地方，因为我肯定会去你家直到找到它们，或者干脆让我死在那儿。"听者挂掉电话，把自己所有值钱的东西都藏在壁柜高层的架子上，然后就出门了。当他回到家时，发现那个盗贼因心脏病突发死在自己家的地板上。

亚历山大相信我们不会认为这是一桩过分的惩罚，尽管它和末日审判机有以下共同点：一个人意图犯罪，他清楚这样做可能会危及自己的性命，且很可能没有人为干预来阻止他的死亡。所以，如果我们不觉得盗贼所遭受的是过分的惩罚，那我们也不该认为末日审判机施予了过分的惩罚。

亚历山大论证末日审判机和盗贼的案例都是"预防计划的实例，一项计划……只有按照某种确定的原则实行，才能在道德上得到辩护，不过这里面并不含有比例原则"（213）。他认为比例原则[1]只有当惩罚是作为惩罚计划时才适用，即给予应得的报应。

亚历山大继续谈道（214—215）：

某小镇的政府大楼草坪被500个晒太阳的人侵占，小镇治安官并不需要强制使用武力驱赶那些侵入者……相反，他在政府大楼的屋顶安装了一挺机枪，并通知那些晒太阳的人，机枪被设置成每五分钟对草坪扫射一次，然后就离开了……此外，如果治安官能架一挺全自动的机枪，照这样想，他也可能手动来操作机枪；而假如他能手动操作机枪，那么看来似乎镇议会就能通过一项针对侵入者的新条例，即用机枪扫射作为惩罚。

这里面哪里出错了呢?

马蒂的两名失事船员

两人因船只失事漂浮到了一座孤岛上。其中一人辛勤劳作。他犁地种苗，为他的地除杂草，驱赶飞来啄食的鸟群，在又热又旱的

1　比例原则（principle of proportionality），为大陆法系国家采用的违宪审查模型，下含"合目的性原则""最小侵害原则"和"平衡原则"。——译者注

夏天灌溉作物，还搭建了一个大棚用来在寒冷的冬天贮藏谷物，他也为自己造了一个小木屋以度过寒冬，等着来年丰收。而另一个人——他在这次意外事件前是一个职业杀手，就表现得很不同。在炎热的夏天，他坐在树荫底下乘凉，在环礁湖里愉快地游泳，过着靠山吃山的悠闲日子；而当冬天来临时，他计划趁另一人睡着时做掉他，占有他的谷物、大棚和木屋。此人既不种植作物，自然就不能维持生计，且内心也没有任何善良可言。

现在，在这一假想的环境里，贮藏的谷物应当归谁所有呢？

出处：威廉姆·R. 马蒂，《罗尔斯和受折磨的母亲》。

William R. Marty. "Rawls and the Harried Mother." *Interpretation*, 9.2-3（1982）：385-396，387-388. Copyright © 1982 Interpretation. Reprinted by permission.

马蒂希望通过该思想实验表明罗尔斯有关分配正义的概念是不可取的（参见《罗尔斯的无知之幕》）。马蒂认为，根据罗尔斯的观点，谷物应被均分；如果这两人的决定是在罗尔斯所谓无知之幕背后做出的，即不知是谁种出了谷物，那么这就是他们所会作出的公平安排。但马蒂声称，很明显，我们的直觉告诉我们这样的安排是不公平的；谷物当然应该属于那个辛勤劳作才产出它的人（参见《洛克的橡子与苹果》）。

马蒂又通过另一个思想实验论证罗尔斯的方法只会导致自私的安排，而非公正的分配（388）：

我们假定现在这两位岛民被告知其中一人种出了谷物，而另一人则没有。根据罗尔斯的观点，他们该怎么分配呢？仍然是均分，因为谁都不知道是谁种出了谷物谁没有种出，而在任何情况下，谁都不敢承担按劳分配的结果，因为那意味着其中一人有一半的概率会一无所有——他就熬不过这个冬天了……如果两人都知道谁应得谷物谁不应得，那么他们就会意识到均分是不公正的分配方案。然而这对他们的决定丝毫没有影响，因为他们各自都是按照自身利益来理性地盘算如何分配谷物，而不是对如何分配谷物才算公正做一个理性的评估。既然上述两者并不相同，那么除了偶然或表面上的巧合外，罗尔斯主义的方案并不能带来公正。

"罗尔斯的分配是错误的，"马蒂认为，"因为它把分配从能赋予某一特定分配合法性的东西中分离了出来。"（388）而在这些东西中包含着贡献、努力、风险、需要、技巧以及责任。

但若假定那个游手好闲者确实也做了一点播种、除草的工作，却因为患上了绦虫病，身体太弱以致不能像另外一人一样辛勤劳作；除此之外，因为患上了绦虫病，他比另一个人需要更多的营养来维持生存。这样的话，谷物又该怎样分呢？换句话说，当马蒂所提议的那些因素产生冲突时（在该案例中，是贡献与需要发生冲突，而纳入的能力因素也使贡献问题进一步复杂化），哪些因素是该被优先考虑的呢？

帕菲特的诺贝尔奖获得者

假设一位90岁高龄的老人，属于诺贝尔和平奖获得者中少数理所应当的得主。他承认在他20岁的时候，由于一次酒后胡闹而打伤了一名警察。

此人现在应该受到惩罚吗？

出处：德里克·帕菲特，《理与人》。

Derek Parfit. *Reasons and Persons*. Oxford，UK：Oxford University Press，1986：326.

如果身份依赖于物理上的连续性［参见《查尔斯、盖伊·福克斯与罗伯特（威廉姆斯）》］，那么此人就不应受到惩罚，因为在他90岁时，大脑或身体里的每一个细胞都与他20岁时截然不同。但若他所犯的罪行是在50岁或70岁时，以上理由同样适用吗？（随着实施犯罪与接受惩罚之间的时间不断延长，惩罚的力度就应该减小吗？）而且究竟是哪些细胞令我们感兴趣呢？

如果身份依赖于心理连续性——其独立于大脑和身体（参见《休梅克的布朗逊》），那么或许此人就应当接受惩罚。当然，既然他记得所犯的罪行，他就在这方面存在连续性（参见《洛克的王子与鞋匠》）。所以说如果我们确实记不得曾经做了什么事，我们就不必为其负责了吗？

如果心理连续性不是关于记忆而是有关信念、欲望之类的话，又会怎么样？很有可能在90岁时，我们已不再有曾经20岁时的信念与欲望了。事实上，这个人已经成了诺贝尔和平奖得主——他当然不会再认为袭警有什么好光荣的了。那么他不应得到惩罚吗？［但如果明天的你不是今天的你，你又何必在意明天会发生什么事呢？（参见《威廉姆斯的身心转换》）］

有关性格和人格特征的心理连续性又如何呢——其是否不同于或独立于一个人的信念与欲望呢？一个人能保持同一的人格却不具有相同的信念和欲望吗？那他是否因此该受到惩罚呢？

自由意志的存在总是会为功过提供辩护（即某事是否是应得的），这里面包括了惩罚。但自由意志存在于哪里呢——它是一个人身体或大脑的一部分，还是性格或人格的一部分？

也许考虑惩罚的目的比功过更有帮助。比如，如果惩罚的目的是防止此类事件再度发生，那么或许，不论那个人是否还是同一个人，都不应该再受惩罚了。

米尔斯的奥利奥先生

　　请思考一下我称其为奥利奥先生（Mr. Oreo）[1]的案例。实在不能想象有比奥利奥先生更明显的具有撒哈拉沙漠以南非洲人特征的肤色及其显著的黑人血统了。但他却不喜欢自己的种族名称，因此他在官方文件栏里填上"白人"以标识自己的身份，并且拒绝黑人文化。这些姿态会使他成为白人吗？……

　　假定像奥利奥先生这样的个人，他们的身体并非天生是白的，而是利用整形手术或基因工程来移植皮肤、头发以及面部特征，使他们看起来完全像是白人，且和奥利奥先生一样被白人社会所同化。（他们真的成了白人还是仅仅看起来像白人呢？）……试比较另一种生理上的改变，即人的体质与体力。假设有人发明了一台机器（就叫作"施瓦辛格速成机"吧），它能把一个98磅的病秧子变成一个几百磅重、像超人那样肌肉发达的大块头，而且不需要长期节食以及坚持做那令人乏味的体能训练。我们会说此人只是看起来强壮了但并没有真正变强壮吗？显然不会：他那新的身体、新的体魄、新的力量都是货真价实的。那么这两者之间差别在哪儿呢？

出处：查尔斯·W. 米尔斯，《可见的黑人性：哲学与人种论》。

Charles W. Mills. *Blackness Visible: Essays on Philosophy and Race.* Ithaca, NY: Cornell University Press, 1998: 60, 61. Copyright © 1998 by Cornell University.

1　Oreo，原本是一种奶油夹心饼干的商标名，美国俚语中指奉行白人社会准则的"白心"黑人。——译者注

米尔斯借助这一思想实验是想挑战我们认为人种是固定的这一直觉。他列出了一些用来标明种族的标准——身体外貌、世袭血统、对自身血统的察觉、他人对自身血统的认知、文化、经历，以及自我认同——并且通过一连串的事例展现我们在确定某者"真正"是什么方面有多么的"随意"。因为奥利奥先生的外貌特征，他应该被当作黑人，但当他改变外貌、进行"漂白"后，由于血统关系，他仍旧被认为"实际上"还是黑人。然而，同样是身体上的改变，一个变强壮的病秧子却不再被认为是个"真正的"病夫。是这两者存在差异还是我们在种族判别方面不能保持一致？如果真如米尔斯论证的那样，种族只是依赖于我们社会的认可，那么或许接受过整形手术和基因工程改造、生活在"白人文化圈"里的奥利奥先生，真的就是白人了……

AESTHETICS

美 学

制作精美的物体（杜威）

假设……有一个制作精美的物体，它的质料和比例让你在鉴赏的过程中倍感愉悦，相信它是出自某位现代大师之手，然而你随后发现的证据却表明它只是一件偶然的自然造物……

它还算是一件艺术品吗？

出处：约翰·杜威，《艺术即经验》。

John Dewey. *Art as Experience*. New York：Capricorn Books，1934：48.

杜威声称，不论这个物体之前给你带来了什么样的体验，一旦它被发现是自然造物，"它就不再是一件艺术作品"（48），且"它应归属于自然历史博物馆，而非为艺术馆所藏"（48）。为什么呢？他的答案是，要想作为艺术品，一件作品必须是"为可接受的感知力所欣赏而造"（48）。纯粹的技巧或艺术家某方面的精湛技艺都是不够的，不过两者亦不能被单独感知。杜威认为，更重要的是"所做与所受"（48）之间的关系，是创作与接受之间的联系："只有当感知到的成果具有这样的本质——即它那被感知到的性质掌握了创作过程——所作所为才称得上是艺术。"（48）除此之外，正如艺术家在创作时必须时刻将感知藏在心里，观赏者在感知时也必须将创作牢记在心。

那么假如这种联系最终未能实现会怎样呢？举例而言，假如一位听众并未听到那位音乐家试图让他感知到的东西又会如何呢？这就会是糟糕的艺术吗？失败的艺术？还是就没有艺术价值呢？

而且假如本来就没有什么联系的话又怎样呢——设想某人画了一幅画，画完后立即将其封装、送往外太空，永远不让任何人看见？

怪异奇特的物体（齐夫）

设想有一个物体符合以下条件：有意设计的作品、出于展览和观赏的目的、确实存放在一座博物馆内、具有统一性及多样性等形式特征、拥有明确的主题等。不过它有一点很怪异反常：它所绘制的情景及形式结构，不经调整，自己就会周期性地改变。想象另外一个符合以上条件的物体，它的奇特之处则在于不被推动，自己就能在房间里周期性地移动。这样看来，这些物体表现得就像是活生生的有机体。

这些物体是艺术品吗？

出处：保罗·齐夫，《如何定义一件艺术品》。

Paul Ziff. "The Task of Defining a Work of Art." *Philosophical Review*, 62.1（1953）: 58-78, 63.

齐夫用该思想实验展示了定义"一件艺术品"是多么的困难。他认为，即使那些怪异奇特的物体符合所列出的所有条件，我们也不情愿管它们叫艺术品。因此，齐夫表明试图用一系列条件来定义艺术品的尝试是不成功的。

同样，他也论证了那些通过确立艺术品特征上的相似性来进行定义的尝试是不成功的。这种定义方式的问题出在"没有规则能确定什么是或不是达到充分程度的相似性"（65）。举例来说，一件希腊花瓶和一幅普桑的油画或许能足够相似到被认为都是艺术品：它们都被陈列展出，都具有形式特征，且它们都涉及一定的主题。当然，一件新英格兰产的煮豆锅并不具有以上特征。然而，煮豆锅和花瓶又非常相似：都是为了室内用途而制造的，当初不曾有过展出的打算。而且在它产生的时代，花瓶还没有被陈列展示。那为什么油画和花瓶可以算作艺术品，唯独煮豆锅不行呢？

齐夫继续思考定义的困难是否在于——为什么我们想要或需要一个有关"艺术品"的清晰定义呢？毋庸置疑，当我们使用某一词语时，理解本身是很重要的，而清晰的定义能使这种理解得以实现。不过也许更切合要点的问题是："把某物视作一件艺术品会有什么样的后果和影响？"（72）这些后果和影响是否依赖于时空环境呢？

随机生成的物体（丹托）

想象我们面前有一个像是一幅油画的物体。如果我们相信它曾被用心绘画过，我们就会不由自主地被它打动——就拿伦勃朗的《波兰骑士》来说吧，画里那个孤独的、骑在马上的人象征着通向未知命运的征途……但假若它根本没有被绘画过，而是某人在离心机上随意挥洒着颜料，重新演绎公式化的操作，并将得到的成果压印在画布上，"只是为了想看看这样会发生什么"。

现在的问题是，不论我们是否得知真相，我们已经准备把这随机生成的物体视为一件艺术品了。

出处：亚瑟·C. 丹托，《凡俗之物的嬗变》。

Arthur C. Danto. *The Transfiguration of the Commonplace*. Cambridge，MA：Harvard University Press，1981：31.

如果有人宣称随机生成的物体是艺术品，它就是吗？那么，伦勃朗的画被视作艺术品是出于同样的原因吗？

或者伦勃朗的画作是艺术品，因为它由一位艺术家创作而其他的物体并没有？这是否就是为什么有关一个人的面部画像是艺术品而此人真正的面容却不是艺术品的原因吗？然而，并不是艺术家创作的所有东西都是艺术品……而且究竟是什么使一个人成为艺术家呢？

或者随机生成的物体之所以不是艺术品，是因为它们缺乏某些特定的元素？比如创作者赋予的特定意图或是观赏者的某种回应［参见《制作精美的物体（杜威）》］。假如一幅画在没人看到它之前就被损毁了会怎样呢？或者假如反响平平的话，假如所有人都会错过挂在墙上的那些随机生成的图画片段又会怎样呢？（假如这正巧发生在伦勃朗的画作上呢？）

如果我们声称随机生成的物体是艺术品，因为它具有内在的属性（比如设计、颜色等），那我们是否也必须得承认一件难以辨别的"赝品"或"复制品"也算是艺术品（即一件有着同样设计、颜色等属性的纯粹复制品）？事实上，如果艺术品真能被如此完美地复制，我们也没必要去纠缠于"真迹"和"赝品"了。这是否不仅适用于审美认同，也可适用于身份认同的问题呢？（参见《帕菲特的传送门》）或者是否应该将人造物与有机体分开考虑呢？（参见《普莱斯的大肠杆菌约翰》）

摩尔的玻璃花

哈佛大学举办的玻璃花展由八百多种制作精巧的花草模型展品构成，既有惟妙惟肖的珍奇花卉，也有路边平凡的野草。然而始终不变的是，观赏者总会为这些栩栩如生的模型而深深震撼。事实上，如果把模型和真实的花朵并排摆在一起，几乎不可能分辨出哪个是玻璃花，哪个是真花。

在这些模型展品中较有代表性的是一朵普通的菊苣花。这是一种纤美的路边野花，在北美非常普遍。它株高茎直，条纹状的茎叶伴随着繁星般簇生的三角形小叶，属蓝色的菊花类植物。

现在假设，由于被玻璃菊苣展品的美所震撼，一位参观者跑出去，在停车场边上发现了一朵活生生的菊苣，其外貌和刚才那朵玻璃菊苣从肉眼上几乎无法分辨。既然已经领略到人造菊苣的美丽，为了一以贯之，那位参观者是否应该感受到真菊苣同样的美？

出处：罗纳德·摩尔，《自然地欣赏自然美》。

Ronald Moore. "Appreciating Natural Beauty as Natural." *Journal of Aesthetic Education*, 33.3（1999）：42-59，45. Copyright © 1999 by the Board of Trustees of the University of the Illinois. Used with permission of the University of Illinois Press.

摩尔怀疑我们大多数人都不会觉得路边的菊苣和那朵玻璃菊苣一样美。但他声称："这是否是因为我们在鉴赏玻璃花之美时，暗中将以假乱真、辛勤制作、稀缺罕见等因素考虑进来了呢？这些因素难道不就是增加了模型的价值，与模型的美又有什么关系呢？"（45）

摩尔接着又从另一个角度思考上述问题：他设想了一朵可以以假乱真的人造菊苣（它甚至具有和真花一样的芬芳与滋味），并猜测，若我们一旦得知这是朵人造的假花，大概会满脸尽显失望之色，甚至带有不屑与轻蔑。然而他问道："究竟是什么让我们认为大自然的造物就比人工制品（当然，如果你把人类活动也纳入自然界的大链条中，后者也能算是一种自然造物）能为我们带来更多的愉悦，更具有价值？"（47）

摩尔的思想实验以其矛盾性的结果说明我们有时认为自然造物要比人工制品更美，有时却又觉得它不如人工制品——似乎我们在关于自然造物美感方面采取了双重标准。什么能为这些不同的标准提供合理的依据呢？

卡罗尔的憎恶之信

　　想象一下，你刚和你的恋人分手。你现在对你的前女友/前男友充满了鄙视。于是你准备写一封信来表达你的憎恶。这是一封很长的信，用着大家都懂的语言，而你也借这一空间大肆宣泄自己的情感。它以某种个性化的方式生动地描述了你陷在当初的种种错误之中。这封信十分有效——你让你的前任恋人像你憎恶她/他一样憎恶自己。而这恰恰也就是你的目的。但我十分怀疑我们会将这样的信件视为艺术品；同样，如果你是站在微波炉旁边以这样的方式斥责你的恋人，我也十分怀疑我们会把它看成戏剧史的某一部分。

出处：诺埃尔·卡罗尔，《当代艺术哲学导论》。

　　Noël Carroll. *Philosophy of Art*：*A Contemporary Introduction*.
London：Routledge，1999：78.

　　卡罗尔通过上述思想实验以检验艺术表现说[1]的适当性。那封信件满足所要求的条件：有意地通过线条、颜色、声音、形状、行动以及言辞来表达和宣泄情感（个性化及亲身经历的情感）。然而无论如何，我们不会把它称为艺术品（我们同样也不会把微波炉旁发生的事称为"艺术"，即使它也同样符合要求）。卡罗尔认为，这证明了艺术表现说是不充分的。（当然，除非我们认定那封信归根到底还是艺术品。）那么，该理论是否应被拒绝或是加以修改？

1　艺术表现说认为艺术起源于人类情感的表现与交流，艺术是主观情感的表现或外化，以克罗齐、柯林伍德为代表。——译者注

如果需要修改的话，我们应该再附加些什么限制条件才能将憎恶之信排除出艺术的范畴呢？

JUST ONE MORE...

再多一个……

坏人能让善良的大脑做坏事吗？（巴顿）

在孪生星球上，缸中之脑正操纵着失去控制的有轨电车。摆在它面前的只有两个选择：在路轨前方的分岔处往左拐或是向右拐。因为大脑对有轨电车的一切了若指掌，它清楚地意识到目前没有办法停下电车或使其脱轨。由于大脑出于某种原因与电车相连接，所以它能决定电车行驶的路线。

路轨分岔处的右侧有一个单身的铁路工人琼斯，如果大脑操纵电车右拐，那么他一定会被撞死。但右边的这个路轨工人活着的话，他会为了自身利益而去杀死另外五个人。不过这恰好又会在不经意间拯救三十个孤儿的性命（他要杀的那五人中，有一个准备当天晚上炸毁一座桥，而孤儿院的车正好会从那里经过）。那些孤儿中，有一个长大了会成为一个暴君，让那些本身善良的功利主义者们做尽坏事；另外一个孤儿长大后会成为G.E.M.安斯康姆（G.E.M. Anscombe，英国著名哲学家）；还有一个后来将会发明易拉罐。

但若缸中之脑选择了左边的路线，这边铁轨上的一个"左撇子"工人就肯定会被电车撞死。电车同样也会摧毁捐赠给当地医院进行移植手术的几颗心脏，而那些等待进行手术的病人亦会死去。由于大脑具有心脏方面的知识，它明白这是唯一适用的几颗心脏。但左侧路轨的这个工人若活着，他也会去杀死五个人——事实上就是右边那个铁路工人要杀死的五人。只不过，"左撇子"的行为会无意中拯救另外十人的性命：他无意中杀死的这五人会打翻运往当地医院进行移植手术的心脏容器。"左撇子"行为所造成的更深远后果是使孤儿院公车取消当天的出行任务。在"左撇子"要杀的那五人中，有两人应为缸中之脑操纵电车的这一情形负责，还有一人是写下这一例子的作者。不过，如果"左撇子"及那十颗心脏被电车撞飞，那些将死的十位心脏病患者会把他们的肾脏捐赠给另外二十个肾脏病人以挽救后者的性命，其中一位长大后会发现彻底治愈癌症的方法，而另外一个长大后又会成为一个希特勒。事实上仍有其他的肾脏和透析仪器可用，不过因为大脑不具有肾脏方面的知识，所以这并不算一个可考虑的因素。

假设无论大脑最终做出怎样的决定，它的选择都会成为其他缸中之脑的范例，即它的选择的影响会被持续放大。再假定如果大脑选择了岔路的右侧，一场摆脱了战争罪指控的不正义战争就会接踵而来；但若它选择了左侧的路轨，一场含有战争罪的正义战争则会爆发。除此之外，有一个笛卡儿式的魔鬼会间歇性地出现，以大脑永远察觉不到的方式欺骗它。

缸中之脑应该怎么办呢？

出处：迈克尔·F. 巴顿，《坏人能让善良的大脑做坏事吗？》。

Michael F. Patton, Jr. "Can Bad Men Make Good Brains Do Bad Things？" First Published as "Tissues in the Profession：Can Bad Men Make Good Brains Do Bad Things？" In *Proceedings and Addresses of the American Philosophical Association*，61.3（January 1988）.Copyright © 1988 by the American Philosophical Association. Reprinted by permission.

图书在版编目（CIP）数据

图利的猫：史上最著名的116个思想悖论 /（美）佩
格·蒂特尔（Peg Tittle）著；李思逸译. --重庆：
重庆大学出版社，2021.2（2024.5重印）
（哲学与生活丛书）
书名原文：What If：Collected Thought
Experiments in Philosophy
ISBN 978-7-5689-1467-3

Ⅰ.①图… Ⅱ.①佩… ②李… Ⅲ.①悖论—研究
Ⅳ.①O144.2

中国版本图书馆CIP数据核字（2021）第028753号

图利的猫：史上最著名的 116 个思想悖论

TULI DE MAO: SHI SHANG ZUI ZHUMING DE 116 GE SIXIANG BEILUN

［美］佩格·蒂特尔（Peg Tittle）　著
李思逸　译
策划编辑：王　斌
责任编辑：张家钧　　装帧设计：原豆文化
责任校对：邹　忌　　责任印制：赵　晟
*
重庆大学出版社出版发行
出版人：陈晓阳
社址：重庆市沙坪坝区大学城西路21号
邮编：401331
电话：（023）88617190　88617185（中小学）
传真：（023）88617186　88617166
网址：http://www.cqup.com.cn
邮箱：fxk@cqup.com.cn（营销中心）
全国新华书店经销
重庆升光电力印务有限公司印刷
*
开本：890mm×1240mm　1/32　印张：6.875　字数：167 千
2021 年 7 月第 1 版　　2024 年 5 月第 2 次印刷
ISBN 978-7-5689-1467-3　定价：49.00 元